京都大学学術出版会
生態学ライブラリー11

干潟の自然史

砂と泥に生きる動物たち

和田 恵次

図 1　和歌山市の和歌川河口域に拡がる和歌の浦の干潟.

図 3　干潟後背に拡がるマングローブ林 (沖縄県西表島浦内川河口域).

:シオマネキ属の1種，*Uca pugilator* の放浪集団．

図 37　アメリカ，フロリダ東岸の干潟で観察さ

図 81　マングローブの気根上の登って摂餌するヒメシオマネキ.

図 86　カニ類や多毛類の巣穴が走る干潟表層の断面. 巣穴壁面近くは, 茶褐色で, その回りが黒色の還元層になっている.

はじめに

若の浦に潮みちくれば潟をなみ、あしべをさして鶴(たづ)なきわたる
(万葉集六・九一九)

山部赤人が万葉集で詠んだこの歌に干潟の情景を見ることできる(巻頭グラビア図1)。潮が満ち、そしてまた引く、このくり返しで、干潟が目の前に現れ、また消える。悠久の昔より、この干潟の出現と消失のくり返しが続き、そこを舞台とする生物の生活を保障してきた。しかし、近代になり、人間社会による海岸地形の改変は、至るところに護岸工事を施してきた。堤防でおおわれた海岸では、この潮の干満を実感することはできない。なぜなら、垂直護岸は、潮が引くことで干上がる面積が小さいためである。勾配の少ない干潟こそ、潮の満ち引きによって広大な砂地、泥地が見えかくれするのだ。

潮が満ちれば、そこは海底となり、潮が引けば、そこは陸上となる。従って、海と陸の生物が、そこを共有する。赤人の歌にある「鶴なきわたる」は、鳥が干潟を利用していることを示している。陸上生物である鳥が、海の動物、ゴカイやカニを捕らえて食べている。食う—食われるの関係が、海と陸の動物の間で成り立っている。この関係を利用して、鳥の寄生虫には、鳥が餌にしている海の動物にまず寄生するものがいる。様々な関係が、海と陸の動物の間でできているのを、我々はまだほんの

わずかしか知らない。

干潟がつくり出す生物の世界を、我々が充分知らないうちに、干潟という海岸地形が、今日本の海岸線から次々と姿を消しつつある。諫早湾締切り工事に見るように、各地で埋め立てや護岸工事が進行している。このような破壊から干潟を守る上で、その保全の根拠になるべき干潟の価値としては、渡り鳥の重要な渡来地であることが優先して取り上げられる。加えて、漁業価値と干潟の浄化機能が挙げられる。そこには、干潟に定住する生き物――干潟を匍匐したり、干潟に穴を掘って生活する動物たち、底生動物の存在意義が登場することはあまりない。

しかし、干潟の底生動物が織り成す生活、行動、社会には、他の動物には見られない世界がある。干潟がなくなり、そこに住むかれらがいなくなれば、それは、種がいなくなるということだけでなく、かれらがつくる固有の生活、行動、社会をも失うことになる。それは、いうまでもなく、我々が生物を理解する道を閉ざすことにほかならない。

本書は、干潟の底生動物が見せる様々な生態的特性を、著者自身の研究成果とともに、国内外の最近の研究例を取り入れつつ紹介する。これにより、かれらのつくる固有の世界の面白さを浮きぼりにすることで、干潟の保全の一助としたい。

干潟の自然史◎目次

干潟の自然史

砂と泥に生きる動物たち

和田　恵次

亡き父へ

第一章◎

干潟の環境とそこに生きる生物

1　干潟とは

海岸の地形は、月の引力と地球の遠心力によってつくられる潮の干満により刻一刻と変化する。潮が引いた時、平坦な砂地または泥地が広がるのを見れば、それが干潟である。干潟は、平坦な砂または泥から成る海岸地形の一つであり、外海から遮蔽された波浪の少ない内湾や河川の河口域に発達する。潮の干満に伴って冠水と干出をくり返す、いわゆる潮間帯といわれる領域でもある。従って、潮の干満がほとんどない日本海側の沿岸は、干潟の発達はわるく、反対に潮の干満が一・五〜二メートルの太平洋側の沿岸の多くで、干潟を見ることができる。特に干満差が六メートル近くにも及ぶ有明

図2　干潟後背に拡がる塩生草原のヨシ原（千葉県小櫃川河口域）.

海では、日本でも最も広大な干潟が姿を見せることになる。

干潟の満潮線付近から上部にかけては、海浜植物が群落を形成し、温帯の場合それはヨシ（俗称アシ）を中心とした草本のいわゆる塩生草原（図2）に、そして熱帯や亜熱帯では木本のマングローブ林（巻頭グラビア図3）になる。日本の沿岸における塩生草原をつくる種には、代表的なヨシのほかに、ハママツナ、シオクグ、ナガミオニシバ、シバナ、フクド、シチメンソウなどがあり、これらは、ヨシの前面に群落を形成する。一方、マングローブ林をつくる種は、日本からは、オヒルギ、メヒルギ、オオバヒルギ、マヤプシキが知られている。その分布は、鹿児島以南に限られ、南にいくほど分布する種数は増える。しかし、この塩生草原やマングローブ林が生えるゾーンが、護岸工事により破壊されてなくなっているところが多い。この植生のあるゾーンより下方には、砂や泥あるいは転石、レキ混じりの砂泥といった粒子の大きさの違いに加え、水はけのよしあしによって水が表面に滞留したところとそうでないところが識別される。干出時であっても、水が流れる水路が干潟をところどころで横断するが、それは、「感潮クリーク」または「みお」とも呼ばれる。干潟の水際付近から下方にかけては、アマモ、ウミヒルモなど、海産の種子植物（海草）が群落状に生育している、いわゆる海草藻場（もば）が出現するところもある。

干潟を掘り返すと、ある深さから水がしみ出てくる。干潮時の海水面よりも高い位置に地下水が保持されているのだ。この地下水の塩分濃度は、外の水に比べて変動が少ない。掘り返した砂泥断面には、黒くなった層が、ある深さより下に見られる。これは還元層と呼ばれ、酸素の供給が少なく、代わりに硫酸イオンが有機物分解に使われ、これにより生成される硫化水素が鉄と反応して硫化鉄となり黒く染めることになる。この分解過程の担い手は、硫酸還元菌である。干潟では、河川や海から運ばれてきた有機物が沈積しやすく、新鮮な空気や水にさらされにくい底土の深い部分では、有機物量が酸素供給に見合わず、嫌気的条件になりやすい。

干潟の地形変化は、極めて小さいとされている。それは、外海から遮蔽され、波浪の影響を受けることがほとんどないところに位置するためである。干潟表面の高さがどのくらい変動するものかをニュージーランドの干潟で調べた例では、[1]驚くことに、一五ヶ月の間、一ヶ月当たりの変動はわずか〇・五ミリメートルとされ、特に低潮帯付近で安定度が高いそうである。しかし、河口近くにできる干潟は、台風などによる大きな波浪や河川の洪水により大きくその地形を変えることもある。

2　底生動物

水域に住む生物の中で、水底に生活するものを底生生物といい、動物を底生動物という。干潟を生活の場とする生物の主体は、この底生生物である。干潟に足を踏み入れて、最も目につくのは、干潟表面に無数に散らばるウミニナ（図4）、ホソウミニナといった巻貝と、巣穴から出てきて干潟表面で活動するコメツキガニ、チゴガニなどのスナガニ科のカニであろう。少し下方の干潟では、スゴカイイソメ、ムギワラムシ、ツバサゴカイといった多毛類がすみかにしている棲管が一面に出ているのを見ることもある。ショベルで干潟を掘り返すと、これら地表上で見ることができる動物とは異なる多様な動物が出現する。多毛類のゴカイ、オキシジミ（図5）やソトオリガイといった二枚貝、甲殻類のアナジャコなどが量的に優占するが、このほか、生きた化石といわれる腕足動物のミドリシャミセンガイ、半索動物のワダツミギボシムシ、星口動物のスジホシムシモドキ（図6）、棘皮動物のヒモイカリナマコなど奇妙な動物も場所によっては見られる。魚類では、泥上を飛び跳ねるトビハゼ（図7）やムツゴロウが干潟の主役だが、泥中に埋居するワラスボの類に加え、干潟周辺の浅い水域では、マハ

図4　ウミニナ *Batillaria multiformis*. 殻長：3.5cm まで. 分布：北海道以南から九州，朝鮮半島.

ゼやイシガレイ、ボラなどを見る。

干潟上部に形成される塩生草原やマングローブ湿地内には、別の底生動物群が生息する。温帯のヨシ原内の場合、フトヘナタリ、カワザンショウといった巻貝、ベンケイガニ亜科のカニ類がその主体を成す。マングローブ林内でも、ベンケイガニ亜科のカニ類とキバウミニナといったウミニナ科の巻貝が目につく。一方、干潟の下方、水際付近では、タイワンガザミ、マメコブシガニ、オヨギイソギンチャクが触手をゆり動かして水中に漂うのを見る。

底生動物の多様性は、干潟域であっても、淡水の影響の強いところよりも、海に近い方で高くなるという傾向をもつ。それは、淡水の混入する汽水域では、塩分濃度がほぼ一定の海に比べ、塩分濃度が日々急激に変動する

図5　オキシジミ *Cyclina sinensis*. 殻長：4.5cm まで. 分布：房総半島以南から台湾，朝鮮半島，中国.

ため、そのような変動に耐える種のみが生存可能だからだとされている。もちろん淡水の影響の強いところに限って分布するような種もいる。巻貝のイシマキガイやフトヘナタリ、それに魚類のトビハゼなどは、その例である。

干潟の底生動物の生物量を支えている餌の源は、有機物の粒子に微生物が付着したデトリタス、底生の藻類、そして水塊中の植物プランクトンである。デトリタスは、塩生草原やマングローブの植物体に由来する場合が多い。底生動物は、これらの餌の取り方により、干潟表層のデトリタスやケイソウなどの藻類を摂取する堆積物食者と、水塊中に懸濁する植物プランクトンやデトリタスを摂取する懸濁物食者に大きく類別される。例えば、ウミニナ類やスナガニ類は、堆積物食者

図6　スジホシムシモドキ *Siphonosoma cumanense*（星口動物）．体長：40cm まで．分布：陸奥湾以南のインド—西大平洋域．

であり、アサリやシャミセンガイは懸濁物食者である。懸濁物食者は、餌になるものが波浪によって供給されることに依存しているため、波浪の影響の小さい干潟では、懸濁物食者は少なく、むしろ堆積物食者が繁栄している。中には、この堆積物食と懸濁物食の両方の摂食様式をとる種もある。甲殻類端脚目のドロクダムシの一種 *Corophium volutator*（図9）は、巣穴の外で泥表をかじり取る場合と、巣穴に入ったまま、第二触角で近くの堆積物を巣穴内に取り込み、それを懸濁させて摂取する場合が知られている[2]。摂食様式には、このほか他の底生動物を直接捕食する肉食者（例えば、チゴガニなどのスナガニ類を捕食するヒメアシハラガニ）や、他の生物の死体を餌にする腐肉食者（例えば、魚やカニの死体に群がるアラムシロガイ）もある。

図 7　トビハゼ *Periophthalmus modestus*. 体長：10cm まで. 分布：東京湾以南から沖縄本島，朝鮮半島，中国.

図8　マメコブシガニ *Philyra pisum*. 甲長：4.5cm まで. 分布：岩手県以南から台湾，朝鮮半島，中国.

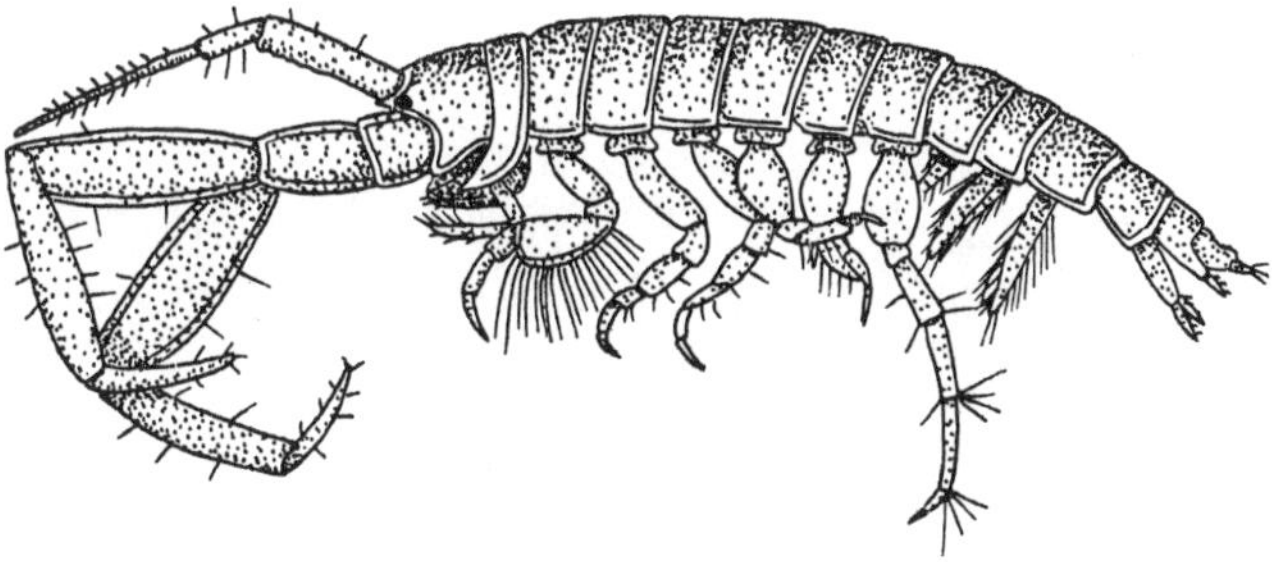

図9　ドロクダムシ *Corophium volutator*（甲殻類，端脚目）. 体長 8mm.（文献3より）

3　その他の生物

干潟には、カニや貝、ゴカイといった底生動物を餌にする大型動物が来遊する。干潟が冠水するとやってくるのは、ボラ、マハゼ、クサフグ、マコガレイといった魚類だ。沖縄のマングローブ湿地では、サッパ、ボラ、セイタカヒイラギといった種がよく知られており、それらの餌には、底生動物のみならず、デトリタス、藻類、陸生昆虫、魚類と様々である。[4]

干潟が干出すると、陸上動物も来遊する。その代表的なものは、シギ、チドリ類といった鳥類である（図10）。干潟表面にくちばしを入れたり、ついばんだりしてゴカイやカニを捕らえる。かれらは、干潟を餌場として利用し、その後背に広がる塩生草原やマングローブ湿地をねぐらとして利用している。熱帯のマングローブ湿地では、鳥類に加え、サルやヘビが干潟でカニを捕食するのを見ることがある。昆虫のハンミョウ類が、干潟表面を飛ぶのを塩生草原やマングローブ湿地前面の干潟で見ることもある。こうしてみると、干潟には、海洋生物と陸生生物が入り混じった関係が成り立っていると言えよう。

干潟の生物には、肉眼では目にできない微小生物群もある。まず一次生産者である底生の藻類とし

図 10　マングローブ湿地の干潟でカニを捕食するシギ類.

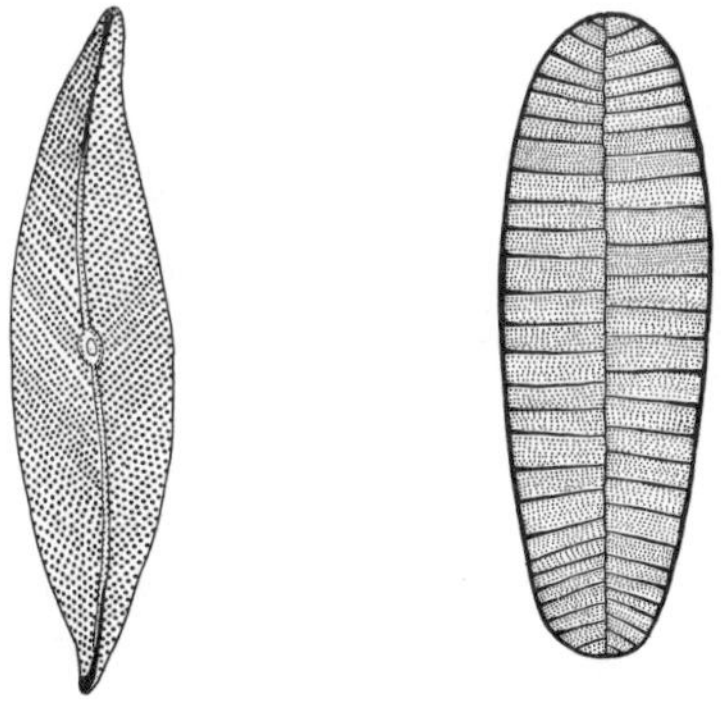

図 11　河口域のケイソウ類 (体長 72-148μm). (文献 3 より)

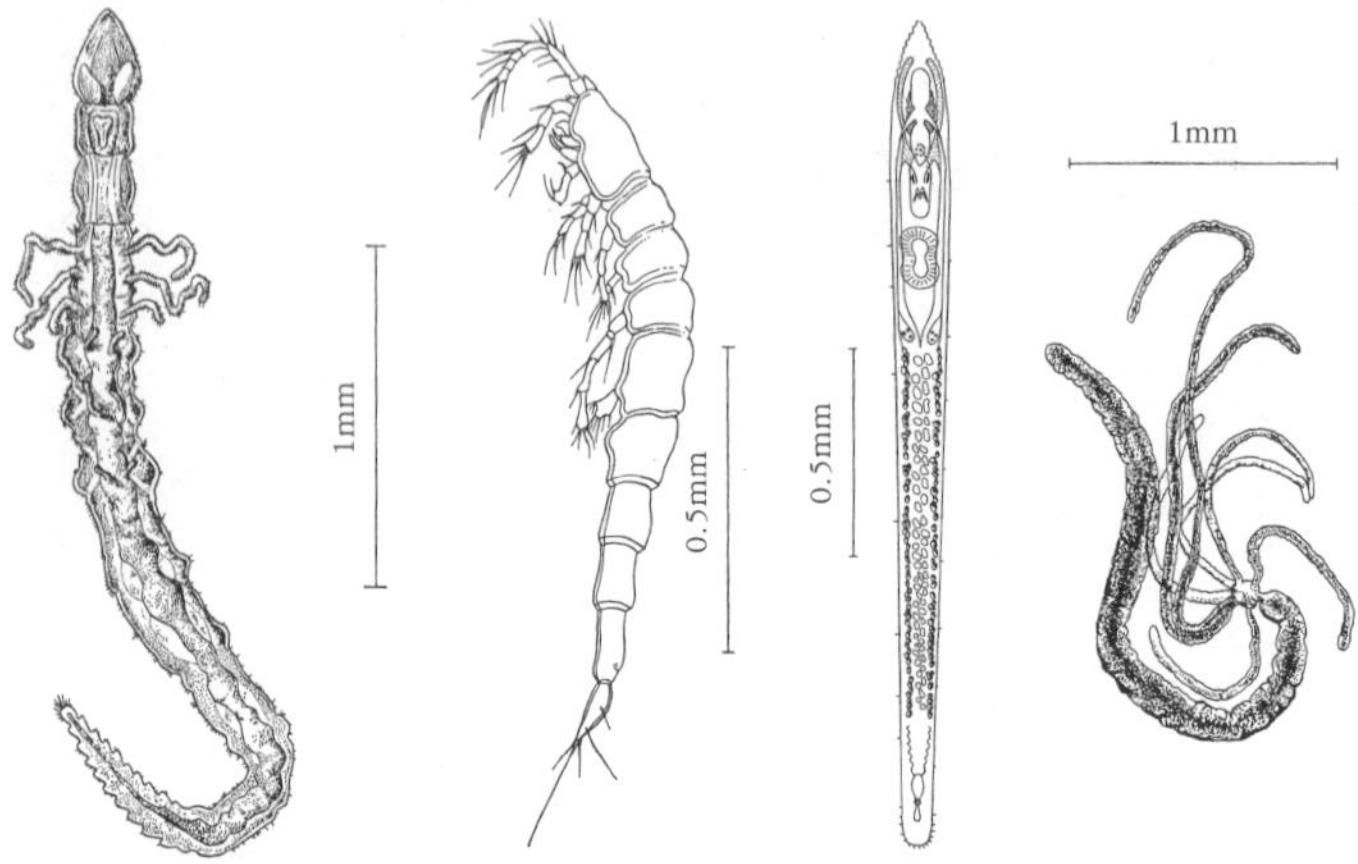

図 12　砂粒間隙性のメイオベントス．左より多毛類（環形動物），ソコミジンコ類（甲殻類），ウズムシ類（扁形動物），ヒドロ虫類（刺胞動物）．（文献 7 より）

図 13　マングローブ湿地の干潟に散在する朽木．

図14　干潟に散在する朽木や砂岩転石に穴居するイワホリコツブムシ *Sphaeroma wadai*（甲殻類，等脚目）．体長：1cmまで．分布：紀伊半島．

て、砂粒表面に付着するケイソウ類（図11）、渦鞭毛虫類、ミドリムシ類、ランソウ類が挙げられる。これらは、表層から約一センチメートル以内の深さに生息し、潮の干満に伴い、垂直移動を行い、干出時には表層に移動して盛んに光合成を行う。[5・6] 砂粒の隙間にはメイオベントスといわれる小型底生動物群が存在する（図12）。主要なメンバーは、線虫類、小型甲殻類のソコミジンコ類、扁形動物のウズムシ類、多毛類などであり、その分布は、単に表層からの深さだけでなく、還元層の位置、大型底生動物の巣穴の存在により、大きく異なることが知られている。[8・9]

干潟のところどころに散在する朽木（図13）にも固有の生物が生息している。木材穿孔性の底生動物が朽木に穿孔するだけでなく、かれらによって造られた木材中の間隙をすみかにしているものもいる。木材穿孔性動物には、甲殻類端脚目のキクイモドキ類、同じく甲殻類等脚目のキクイムシ類やコツブムシ類（図14）、それにフナクイムシの名で知られる二枚貝などがある。かれらの造る木材中の隙間には、カニ類やゴカイ類、それにイソギンチャク類、ホシムシ類が住みついているのを見る。

〈閑　話1〉

―干潟でワニに出くわす―

干潟では、鳥類以外の大型脊椎動物に出会うこともある。特に熱帯のマングローブ湿地では、サルやヘビを干潟上で見ることがある。オーストラリアのダーウィンでは、ヘビがカニの巣穴へ入るのを見た。カニを採集する一つの方法として、巣穴に直接手を突っ込んで、カニを中からつかみ出すというのがあり、私はこれを多用するが、ヘビがカニの巣穴に入っているのを見てからは、この採集法はやめることにした。アメリカやパナマのマングローブ湿地では、ラクーンというアライグマの一種にたびたび出会った。ラクーンは、シオマネキが好物のようである。私が、干潟でじっと体を静止させ、カニの行動を観察していたら、ラクーンが、私の存在に気付かず、目の前まで近づいてきたことがあった。私が体を動かすと私と視線を合わせて、しばらく体を硬直させた。その時の、なんとも滑稽な目が印象的であった。

最も出会いたくないのは、なんといってもワニである。私が今までに干潟でワニに出くわしたのは二回ある。北オーストラリアのダーウィン近くの河口域の干潟がまず最初である。カニのウェイビングをビデオに録画するため、マングローブ林内から干潟に出ようとしたら、大きな物体が水へ落ちる音がした。近づくと、水面から大きなワニの顔がのぞいていたのである。この時は、さすがに腰が抜けた心地で、あわててそこを退散した。二度目は、パナマでのこと。パナマ運河の大平洋側出口近くにある港のすぐ横で、この時も、シオマネキ類のウェイビングを録画しようとしていた時、大きなワニが干潟で寝そべっているのを見てしまった。そこは、パナマ市の下水が流れ込む、極めて汚染のひどいところで、まさかこんなところにワニがいるとは思わなかった。ワニの横で、シオマネキがゆうゆうとウェイビングをしているのには参った。

4　生物体量と密度

干潟の底生動物の生物体量や生息密度には、どのような数値が得られているのであろう。これらの調査方法は、一定面積の砂や泥を、一定の深さまで掘り返し、それをふるいでふるって得られた生物を計数、計量し、単位面積当たりの個体数と生物体量とするというものである。当然、ふるいの目の大きさにより、対象とする底生動物の大きさも限定されたものとなる。通常、一ミリメートル目のふるいにかかる大きさのものを大型底生動物として、これまで多くの地域での調査例がある。

まず、生物体量について述べよう。私がかつて調査場所とした仙台市の七北田川河口にある蒲生干潟では、全部で三三地点で大型底生動物の生物体量が調べられた結果、平方メートル当たり、最大五五一六グラム、最小一八グラムという数値が得られている。[10] 日本全国各地の干潟三〇ケ所で調べられた底生動物の生物体量の値としては、それぞれの地域の平均値として平方メートル当たり、〇・一グラム以下の極小値から二〇八四グラムの大きい値まで知られている。[11] このうち大きな生物体量が得られる地域は、二枚貝類が多く生息している場合が多い。これに対して、個体数でみると、二枚貝よりも多毛類や貧毛類で生息密度は多くなる。蒲生干潟を例に取ると、ここで優占する二枚貝イソシジミの最大密度は、平方メートル当たり、二二三六個体であるのに対し、多毛類のゴカイの最大密度は五七二〇個体となっている。ところが、重量では、この最大密度を示す地点で、イソシジミの方が三一三八グラムあるのに対し、ゴカイはわずかに一五一グラムにしか過ぎない。

一定面積当たりの生息個体数は、それぞれの種の多さを示す指標である。それは、同じ種であっても、場所によって大きく異なるし、また年や季節に伴っても変化する。年や季節による変化は、そこの個体群の時間的変化に規定される。季節的な変化は、通常は、繁殖期が過ぎ、そこで産出された世代が新規加入する時期に増加する。この新規加入群が特に多い年と少ない年があることで年変動をみることになる。熊本県の干潟で観察されたハクセンシオマネキ（図15）の新規加入数は、年によってその差が八〇倍にも及ぶことが報告されている。[12] 福岡市の多々良川河口干潟の二枚貝オオノガイの個体群を、一九七四年から一九七

図 15　ハクセンシオマネキ *Uca lactea*．甲長：1.2cm まで．分布：伊勢湾以南から九州，朝鮮半島，中国，台湾．

九年にわたって追跡した五嶋[13]は、本種稚貝の加入数は、最も多い年と最も少ない年で、二七〇〇倍の違いがあるとしている（図16）。つまり、ある個体群を一年だけ追跡したのでは、その種個体群の変動特性を知ることにはならないといえる。

　では、ある生息密度をもって一定の広がり（分布域）で存在する底生動物個体群のサイズ、総生息個体数は、どのように推定しうるのであろう。多くの底生動物の場合、分布域は、そもそも底土を掘り返さないと明らかにできないため、代表的な地点ごとの生息密度は示せても、一つの河口域や湾内での全生息個体数を推定するのは不可能に近い。しかし、干潟表面で活動する習性をもつもの、例えば、スナガニ科のカニ類やウミニナ科の巻貝などは、その分布域を表面からみて把握する

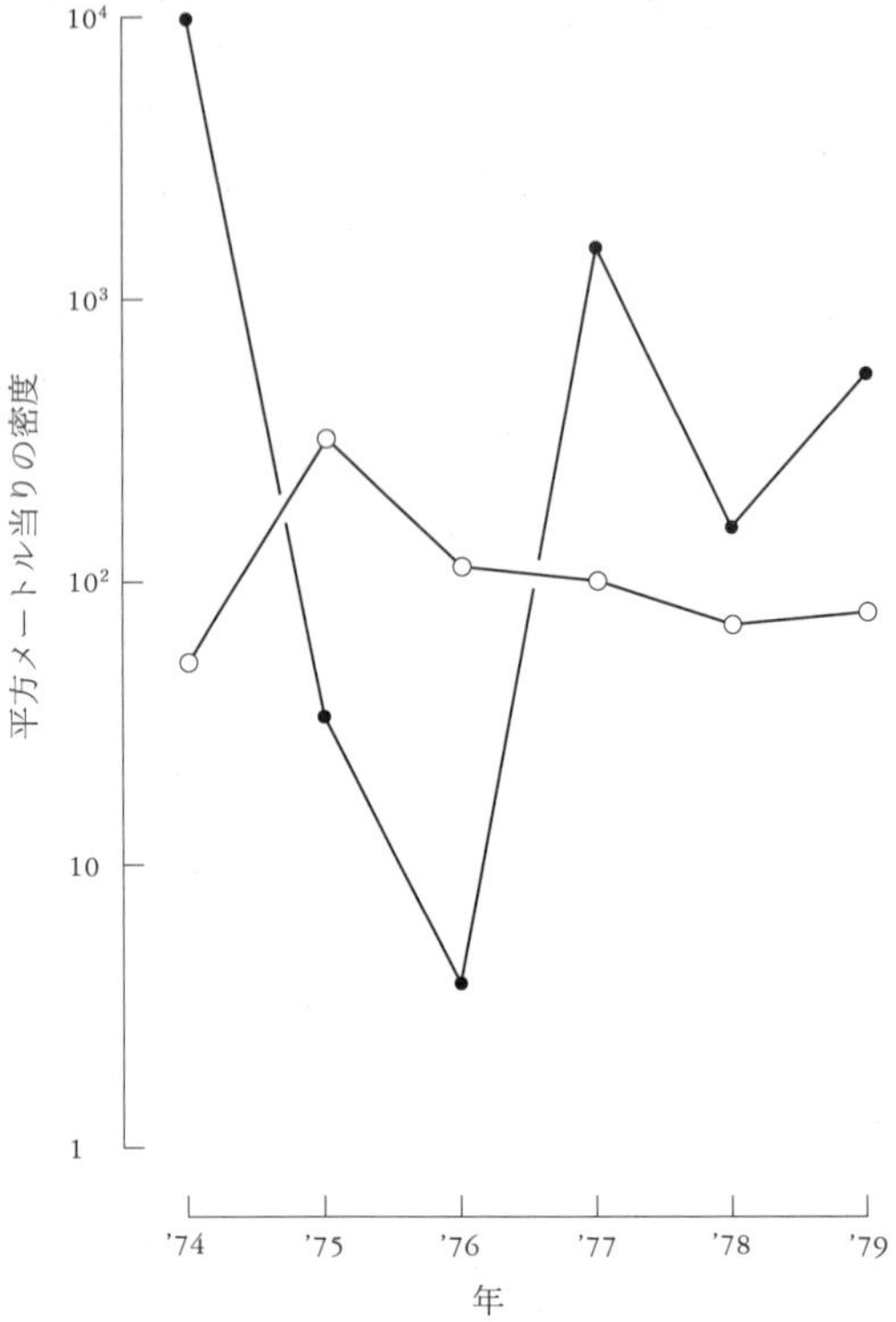

図 16　福岡市の多々良川河口域におけるオオノガイ個体群の稚貝（新規加入個体）（黒丸）と成貝，亜成貝（白丸）の，1974 年から 1979 年までの生息密度．年変動の少ない成貝，亜成貝に比べ，稚貝は年変動が大きい．（文献 13 より）

ことができる。これによって、分布している範囲の面積を累積し、これに代表的な何点かでの生息密度の平均を掛けることで、総生息個体数を推定できる。あるいは、干潟のある全域にわたって、地上で確認された個体をすべて数え上げ、それを地上にいるものの割合つまり地上活動率で割ることで、総生息個体数が推定できる。この場合の地上活動率は、代表的な何地点かにおいて、一定の面積当たりの地上活動数と実際の生息数を求めて、その比率から得ることができる。この後者の方法で、スナガニ科のハクセンシオマネキの総生息個体数を、和歌山市の紀ノ川河口の干潟で求めた例では、一九九八年の六〜九月の時点で、紀ノ川河口域には、ハクセンシオマネキが三七三〇〜四三六三個体生息していると推定されている（野元私信）。

底生動物の生息密度が、同じ種であっても地域によって大きく異なる例を紹介しておこう。コメツキガニの場合、私が最初にこの種を研究対象とした仙台市の蒲生干潟では、平方メートル当たり、一〇〇〇個体前後の密度が、数地点から得られていた[14]が、そのような高密度は、私の二度目の調査地である和歌山市の和歌川河口では、多くの調査地点で調べても、最大密度は、その半分にも満たないし[15]、九州有明海沿岸でも、最大密度がせいぜい平方メートル当たり、三〇〇個体とされている[16]。ところが、コメツキガニとほぼ同じサイズで、同じスナガニ科に属するチゴガニでは、蒲生干潟で、せいぜい平方メートル当たり、二〇〇個体前後であるのに対し、和歌山市の和歌川河口では、八〇〇個体にのぼる生息密度を示すところがあるのである。おそらく、地域ごとの餌量や捕食圧の違いが、このような生息密度の違いに関与しているものと思われるが、そのほかにも、個体間の反発性または誘引性が、地域個体群間で異なるということもあるのではないかと思っている。

5　生息深度

底生動物には、干潟表面にいるものから、底土深くに穿孔して生活するものまである。その生息深度の具体例を示そう。干潟底土に巣穴を掘って生活するものは、その鋳型を取ることで、生息深度を知ることができる。スナガニ科のカニ類では、コメツキガニで二〇センチメートル以内、チゴガニで一〇センチメートル以内[17]、ヤマトオサガニで一五センチメートル以内[18]といった数値が報告されている。しかし、同じ種であっても、場所によって大きく異なることがあり、例えば、ヤマトオサガニでは、私がかつて韓国西岸の干潟で採集した時には、三〇センチメートルから四〇センチメートル近くも、巣穴を掘り返して、やっと採集できたことを記憶している。甲殻類には、さらに五〇センチメートルを越す深い巣穴をもって生活しているものがいる。アナジャコ類のニホンスナモグリでは、鋳型から得られた巣穴（図17）の深さは、一二四センチメートルから六五センチメートルまで[19]、アナジャコに至っては、四・七メートルにも達する例が知られている[20]。

二枚貝では、一般に体サイズの増加に伴って生息深度が深くなることが知られている（図18）[13・21]。最大

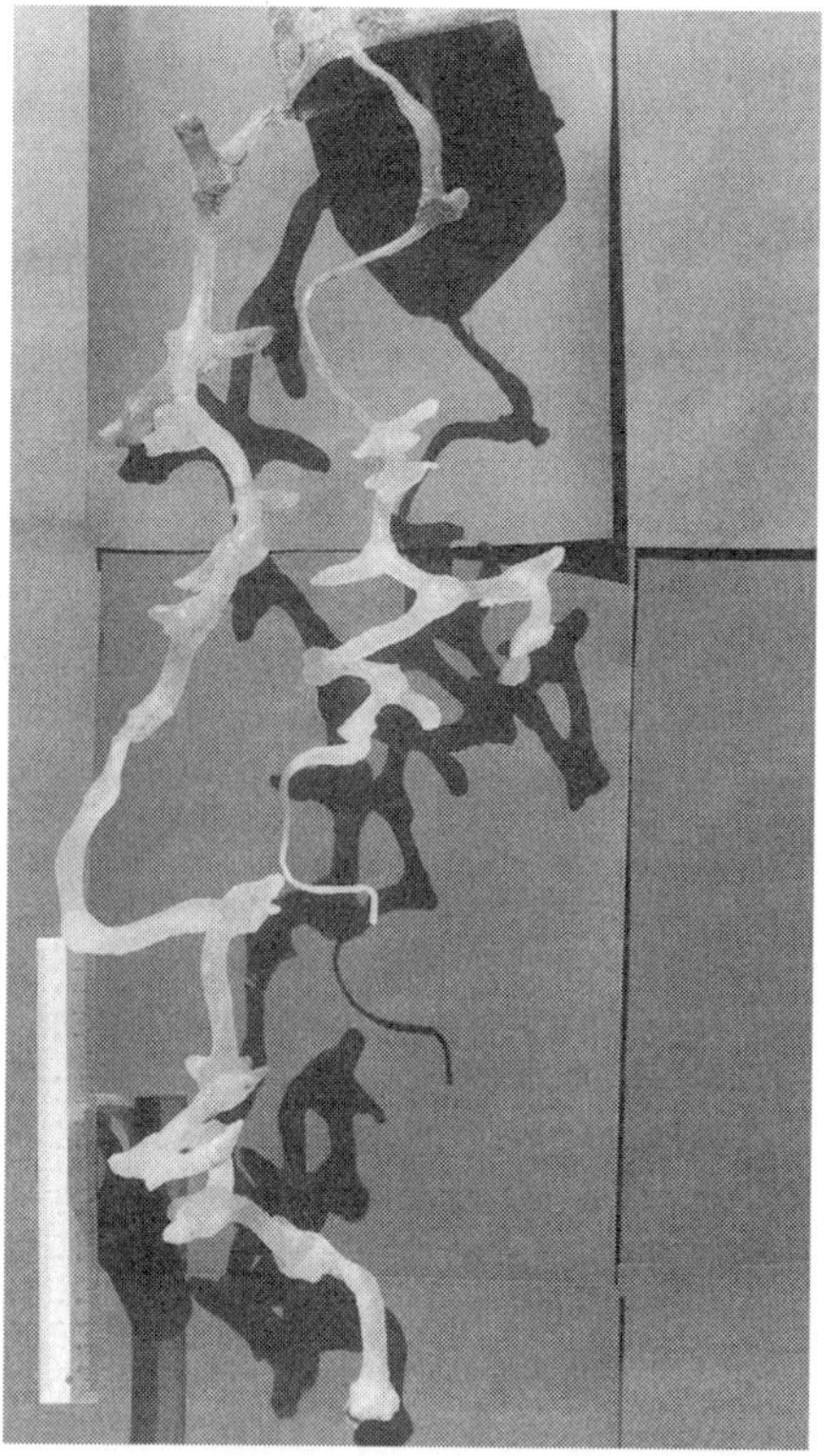

図 17　ニホンスナモグリ（甲殻類，十脚目）の巣穴の鋳型.（文献 19 より）

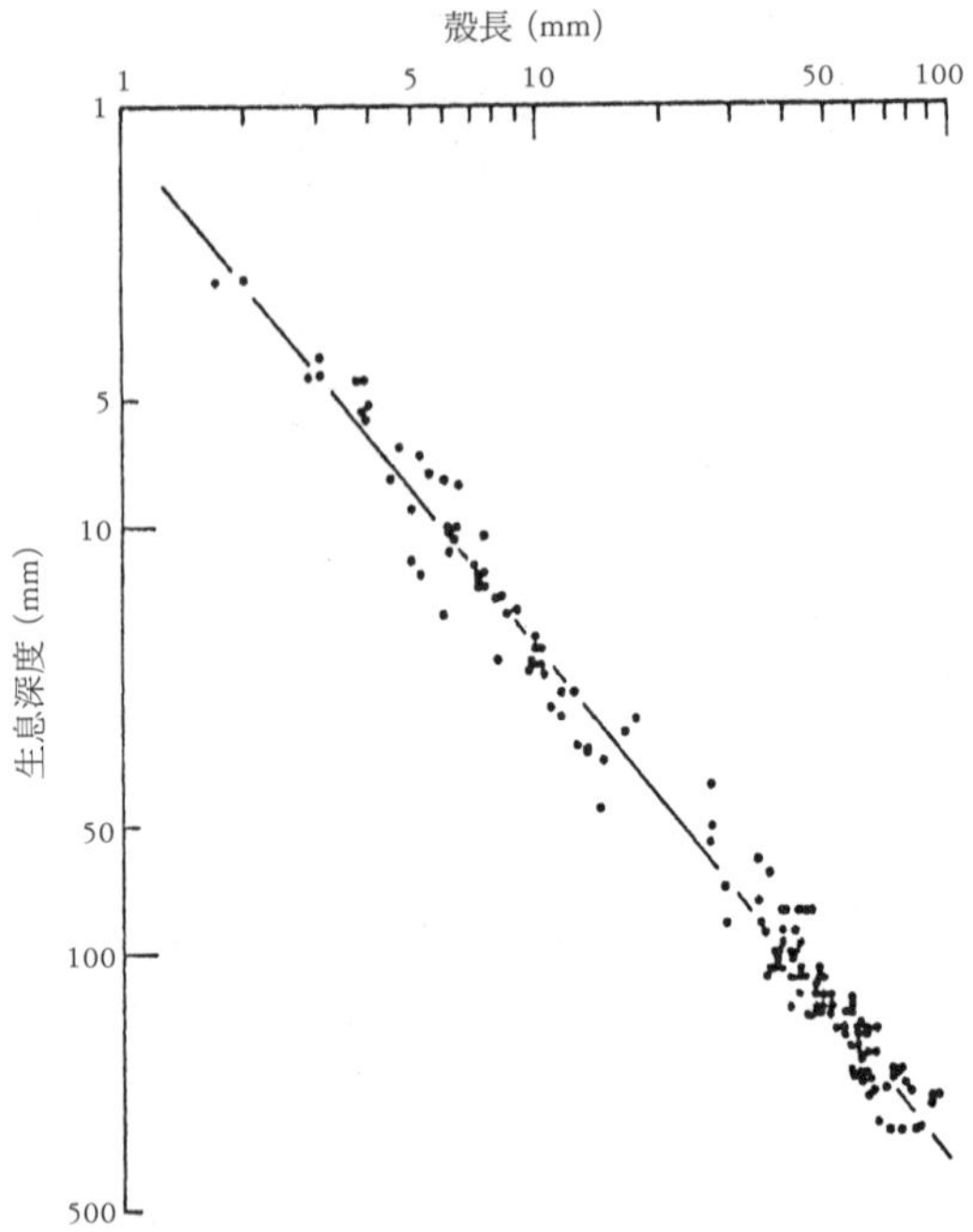

図 18　オオノガイの殻長と生息深度の関係．（文献 13 より）

生息深度としては、バカガイの約一・五センチメートルやカガミガイの約五センチメートルという浅いものから、イソシジミの約一二センチメートル、オキシジミの約一五センチメートル、さらにオオノガイの五〇センチメートル近くという深いものまである。

オオノガイの場合、浅い深度に生息する稚貝は、深い深度に生息する成貝に比べて、その死亡率が高いことが知られており、それは、捕食や温度、波浪といった条件が、浅いところほどきびしいためとみられる[13]。

干潟の底土を層別に採集して、底生動物の深度分布をみたものもある。風呂田・鈴木[22]は、東京湾奥部の谷津干潟の大型底生動物を、深さ六〇センチメートルまでを一〇センチメートルごとに層別に分けて採集し、その生息密度を求めている。ここでは、内径一〇センチメートルの塩化ビニール製のパイプを底土中に挿入して、パイプ中の砂泥から底生動物を得る方法をとっている。これによると、二〇センチメートル以浅から得られる種（例えばアシナガゴカイ、アサリ、甲殻類のドロクダムシの一種）が多いものの、多毛類のイトメやケヤリ科の一種のように、分布の中心が二〇センチメートルから三〇センチメートルのところにあって、深さ五〇センチメートルまで生息しているものもある。

私が、植物生態学者らと共同で、タイのマングローブ湿地で、大型底生動物の深度分布を、深さ一メートルまでの範囲で調べた結果[23]を紹介しておこう。南タイのラノーンにある、樹高が四〇メートル近くに達するフタバナヒルギを主体とするマングローブ林内で、地表から地下一メートルまでの基底砂泥を、深さ一〇センチメートルごとに採取して中の底生動物を調べたものである。この研究では、同時にマングローブの根量も、深さ一〇センチメートルごとに調べられた。マングローブ林内で、このように底生動物の深度分布を深さ一メートルまで調べたという研究を私は知らない。樹高が四〇メートル、樹径四五センチメートルという巨大な樹木の下で、底土を深さ一メートルまで掘るという作業は、想像を絶する多大な労力を要するものである。林内の幅二〇センチメートル長さ一五・五メートルの一定域で、深さ一〇センチメートルごとに砂泥を採取し、それを一ミリメートル目のふるいでふるって、根と底生動物を採取する作業が、一〇名近くの人力投入で行われた。層別に砂泥を採取す

図19　南タイ，ラノーンのマングローブ林内で行われた，底生動物とマングローブ根量の深度分布調査の様子.

るためには、目的とする区域の横に、一旦同じ一メートル深度の溝を掘り、そこから地下水をすべてくみ上げなければならない。これには、バケツによるくみ出しというやり方をとったが、これが、一〇名近くの人海戦術でも、最も手間のかかる作業であった（図19）。

その結果、全部で一六種の底生動物が得られ、層別では、表層から二〇センチメートルまでで記録される種数が一五種と最も多く、深さ二〇センチメートルから六〇センチメートルまでは、四〜六種に減り、さらに六〇センチメートル以深では、甲殻類のマングローブテッポウエビ（図20）とスナモグリの一種のみとなることがわかった。この二種は、表層近くから最深の九〇センチメートル〜一メートルの層まで幅広く分布するのに対して、三種確認された多毛類は六〇センチ

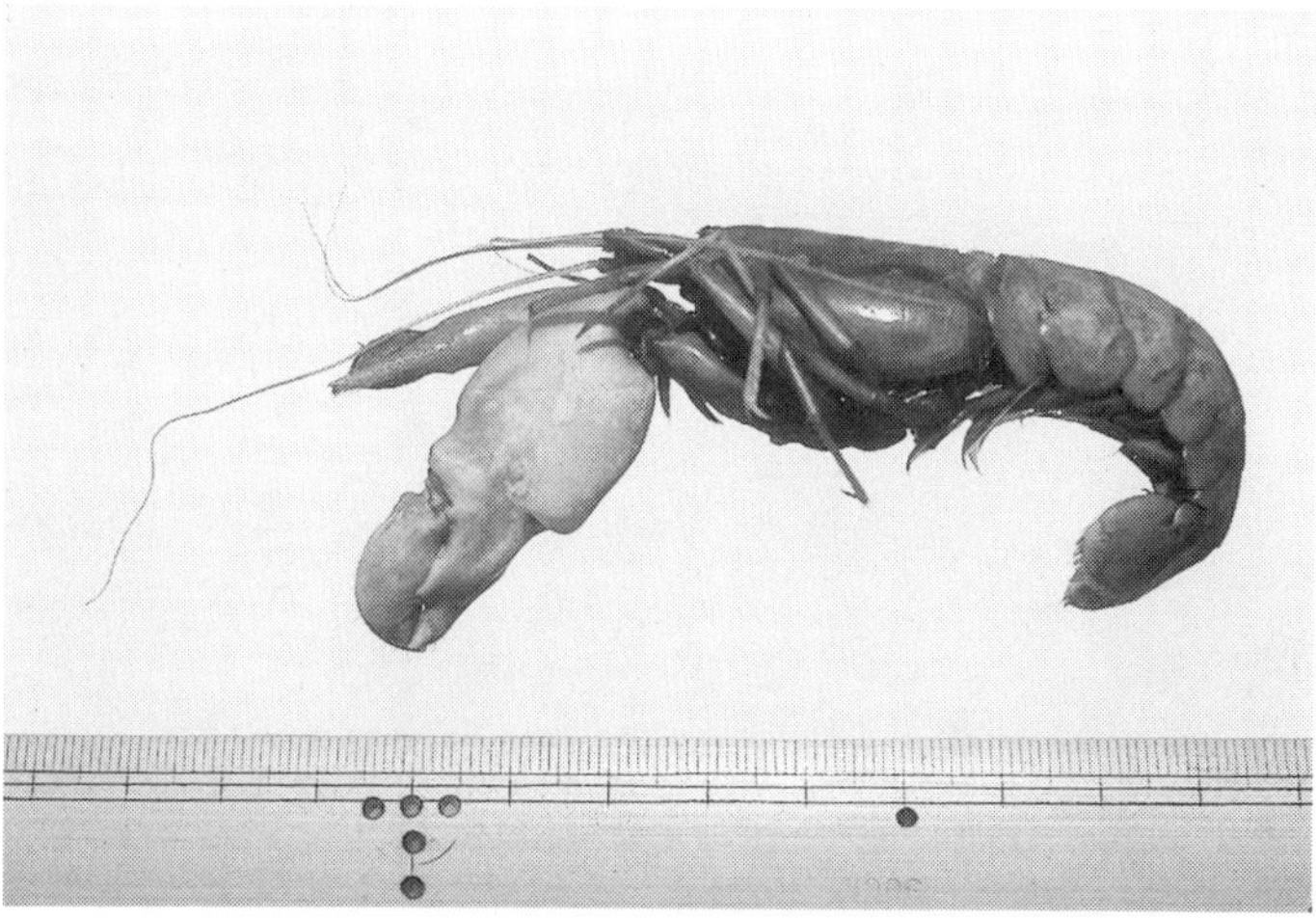

図20　南タイ，ラノーンのマングローブ林内の底土中から得られた大型のマングローブテッポウエビ．

メートル以浅、五種確認されたカニ類は主に四〇センチメートル以浅に、分布が限られていた。しかし、この調査でも、調査域内でいることが明らかな甲殻類のオキナワアナジャコは採集することはできなかった。この種は、マングローブ林内に巨大な塚を造ることで有名である。この種の生息深度は、一・二〜二・四メートルという報告[24]もあり、おそらく深さ一メートルでも、かれらの生息数を知るための採集深度としては不充分であったものと思われる。

〈閑　話 2〉

―干潟に埋まる―

干潟では、足を泥に埋めてしまい、動けなくなるという危険がある。砂質の干潟なら、この心配はないが、やわらかい泥質干潟では要注意である。動くほどに足が泥にめり込んでゆき、どうしようもなくなってしまう。干潟を歩く時は、少し足がめり込みがちなところでは、不用意に足を運ばないことだ。他人がこの目にあって助けるのに大騒動をしたことが何度かあるし、かく言う私自身も、一度、自分がよく知っている和歌山市の和歌川河口の干潟で、ついに動けなくなった。ちょうどひとりでカニの分布を見て回っていた時であった。泥質で、たくさんのアオサに被われたところを歩いていたら、いつの間にかひざ近くまで、泥中にはまっている自分に気付いた。どうしても抜け出せず、ついに「カッパの川流れか」と天をあおいだ。そこはちょうど水際に近いところだったので、近くを漁師の小舟が走行していたのが幸いした。私は大声で漁師に助けを求め、なんとか船に救助され、難なきを得た。泥質の干潟では、とにかく足がめり込みやすいので、足をとられないようにするには、速く足を運ぶのがこつである。ゆっくり歩いているとどうしても足をとられてしまう。しかし、速く進もうとして、不注意にもっとやわらかいところに入ってしまうということが起こりやすい。私の場合がこれである。ある程度足がめり込みそうなところでは、やはり、板ゾリなどを使わずに歩行して入ることはやめることである。

6　干潟におけるエネルギーの流れ

干潟海岸に存在する一次生産者は、干潟表面に生息するケイソウやランソウなどの底生微小藻類、水塊中の植物プランクトン、付近に生えるアマモなどの海草類やヨシ、マングローブといった種子植物である。これら生産者の年間当たりの推定生産量として報告されている数値としては、平方メートル当たりの炭素量にして、底生微小藻類で五〜二〇〇グラム、海草類で一四〇〜九〇〇グラム、塩生湿地の草本植物で四〇〇〜五〇〇グラム、そしてマングローブで三一〇〜五〇〇グラムとなっている。[25]このうち海草や塩生湿地の草本植物、マングローブは、直接底生動物に利用されるよりも、分解途中の有機物体、デトリタスの形で利用されるのが普通である。デトリタスは、植物体の破片にバクテリアなどの微生物が凝集した塊で、水中に懸濁して存在するものは、底生動物の中の懸濁物食者に利用され、干潟表面に沈積して存在するものは、底生動物の中の堆積物食者に利用される。

干潟の底生動物の生産量を支える有機物は、干潟域に生息するこのような多彩な一次生産者に由来する有機物のみならず、河川や海から運ばれてくる有機物にも依っている。淡水と海水が混じるところでは、水塊中の微細粒子が塊を造りやすくなって沈降しやすいという物理的特性があり、それにより、微細粒子を成す

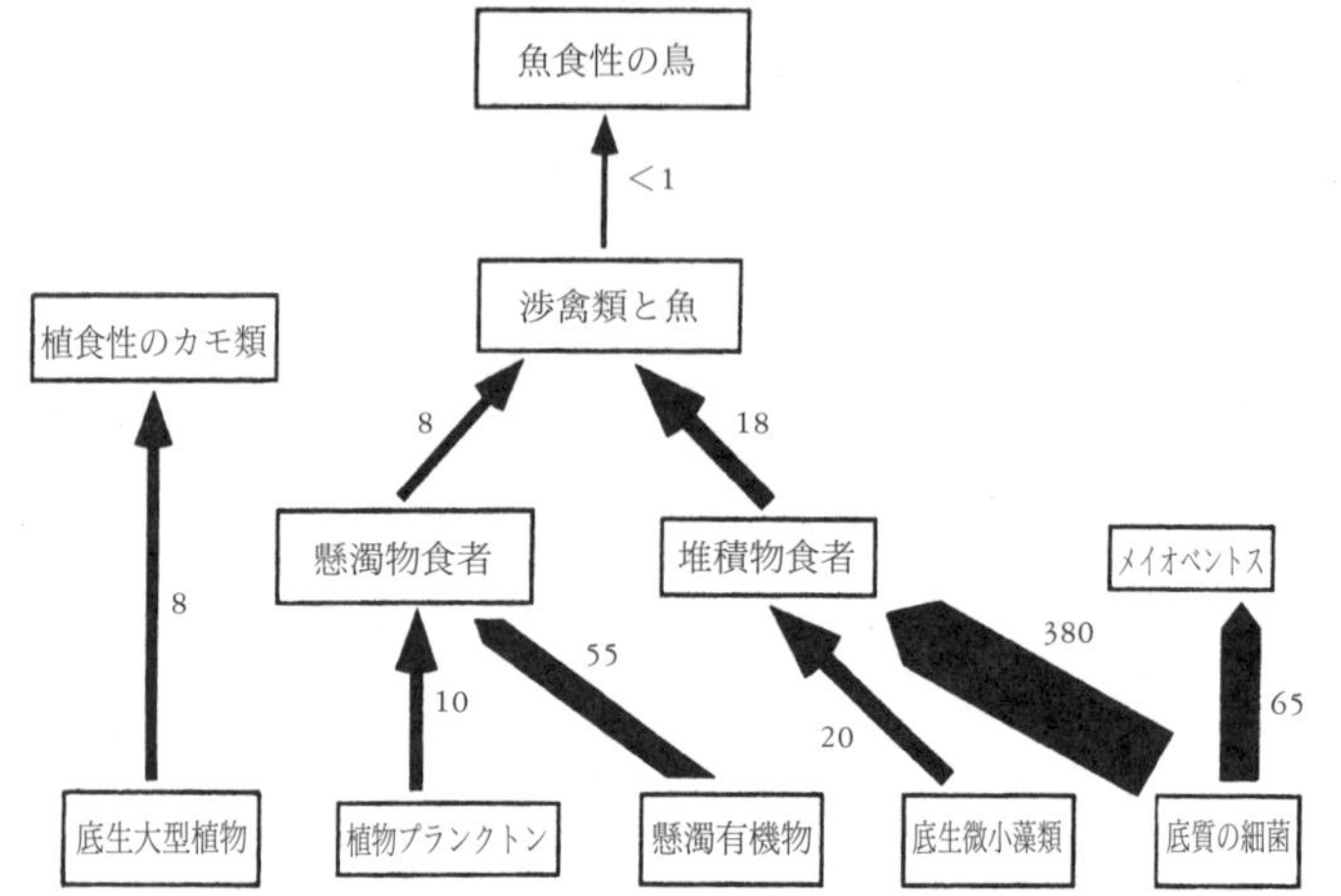

図21　イギリス，スコットランド北東部のユーサン河口域における主要なエネルギーの流れ．数字は，年間1m² 当たりの炭素量（g）を示す．（文献26より）

有機物が干潟域に提供される。

　イギリススコットランドのユーサン河口域の干潟で調べられた有機物の循環（図21）[26]を紹介しよう。ここでは、年間平方メートル当たり、大型底生動物に流れる炭素量は四六五グラムであり、このうち堆積物食者には四〇〇グラム、懸濁物食者には六五グラムが流れるとされる。堆積物食者の四〇〇グラムのうち、底生微小藻類から入る炭素量はわずかに二〇グラムであり、残り三八〇グラムが干潟表面に沈積している有機物である。一方、懸濁物食者への六五グラムの内訳は、わずかに一〇グラムが植物プランクトンであり、残り五五グラムが水塊中の有機物である。

　アメリカの塩生湿地では、年間平方メートル当たり、湿地草本の生産量からデトリタスの形で三五〇グラムの炭素量が底生動物の堆積物食者に流れ、底生微小藻類からは、その三分の一にあたる一三五グラムの炭素が底生動物に流れると推算されている[27]。このように、底生動物の生産量を支える有機物としては、底生微小藻類や植物プランクトンは比率が小さく、むしろ水中懸濁有機物や沈積有機物の貢献度が大きいといえる。

底生動物が魚類や鳥類に捕食される量はどのくらいになるのであろう。イギリスのユーサン川河口域の場合、炭素量にして、年間平方メートル当たり、堆積物食者は一八グラム、懸濁物食者は八グラムが捕食者に流れる。アメリカの塩生湿地の場合は、年間平方メートル当たり、二・五グラムが、捕食者に流れる底生動物の炭素量として推算されている。

第二章◎分布生態

1 環境条件からみた分布

生物は、それぞれの種が、固有の環境条件を具えたところに生息場所をもって分布している。干潟に生息するスナガニ科のカニ類を見ると、そのことが、明瞭に認識できる。干潟の中上部にあって砂質のところにはコメツキガニ（図22）、泥質に近いとチゴガニ（図23）、干潟の中下部にあって水はけがわるく泥質のところには、ヤマトオサガニ（図24）、同じく干潟の中下部にあって、より海側に近い砂泥質のところにオサガニ（図25）という具合に、きれいなすみわけを見ることができる。宮城県仙台市にある七北田川河口に位置する蒲生干潟において、そこに生息する四種のスナガニ類の分布を、潮位

図 22　コメツキガニ *Scopimera globosa*. 甲長：0.9cm まで. 分布：北海道以南から台湾，朝鮮半島，中国.

と底質という二つの環境条件を基準にして位置付けると図26のようになった。[1] 底質としては、砂粒の粗さを示す指標として〇・一二五ミリメートル以下の微細粒子の割合を取り、スナガニ類各種の分布する地点の底質と潮位に対して、そこでの生息密度を表して示した。微細粒子の割合が少なく、潮位の高いところにコメツキガニ、これより潮位が低く、微細粒子の割合が高くなるにつれて、チゴガニ、ヤマトオサガニの順に現れ、アリアケモドキは、これら三種の大きく重複して分布するという傾向がよくわかる。このうちコメツキガニとチゴガニは、底質の粒度によって明瞭に住み場所を違える。蒲生干潟とは別の干潟で、底質が砂質から泥質に急激に変化する場所を取り上げ、スナガニ類の分布と底質の微細粒子の割合を対応させてみると、微

図23　チゴガニ *Ilyoplax pusilla*. 甲長：0.7cm まで. 分布：宮城県以南から沖縄，朝鮮半島.

細粒子が急激に増えるのに応じて、分布する種がコメツキガニからチゴガニに移行しているのがわかる（図27）[2]。

　このような二種間での分布の相違は、カニの生活のどういう側面と結びついているのであろうか。底質が関係するカニの生活面として考えられるのは、摂餌と造巣である。そこで主として餌の取りやすさを左右する表層約一ミリメートルまでと、巣の造りやすさにかかわる深さ約一〇センチメートルの部分に分けて、その底質の粒度の指標とカニの生息密度を対応させたところ、〇・〇六三ミリメートル以下の微細粒子の割合が、表層砂、下層砂とも、二種間で違う傾向がみられ、その中でも、下層砂よりも表層砂の方が、種間差が明瞭になった。このことから、コメツキガニとチゴガニの

図 24　ヤマトオサガニ *Macrophthalmus japonicus*. 甲長：2.9cm まで. 分布：青森県以南から種子島，朝鮮半島，中国.

間の、底質による分布の相違は、造巣面よりも摂餌面と密接に結びついたものであることが考えられる。

そこで、コメツキガニ、チゴガニそれぞれが実際に餌として摂取している砂粒の大きさを検討してみた。[3] かれらは、干潟表層の砂泥をはさみ脚ですくったりつまんだりして口器に運び入れ、その中で餌になるものをろ過し、残った粗い粒子を砂団子（図28）として排出するという摂餌方法をとる。この砂団子の粒子の大きさを各サイズ幅ごとの頻度でみたところ、それは、住み場所の表層砂のそれとほとんど同じになることがわかった。ところが、腸内に取り込まれている砂粒は、両種ともほとんどが〇・〇六三ミリメートル以下の粒子であった。つまり、〇・〇六三ミリメートル以下の粒子がかれらの餌として有

図 25　オサガニ *Macrophthalmus abbreviatus*. 甲長：1.7cm まで. 分布：東京湾以南から九州，朝鮮半島，中国，台湾，ベトナム.

用であること、そしてこの粒子を口器の中で選別して取り入れていることになる。そしてこのような微細粒子の含量の少ない底質に好んで生息するコメツキガニと、比較的微細粒子の多い底質に生息するチゴガニがともに腸内に〇・〇六三ミリメートル以下の粒子を取り込んでいるということは、口器中での微細粒子の選別効率がコメツキガニの方がチゴガニよりも高いことを示している。結局、この二種の生息場所における底質の違いが、表層砂中の〇・〇六三ミリメートル以下の微細粒子の割合で明瞭に表われたのは、両種の餌として有用な砂粒のほとんどが、この大きさのものであることと、その微細粒子を口器中で選別する能力に違いがあるためとみられる。この選別能力の違いは、口器中の顎脚にある毛の性状により、コメツキガニは

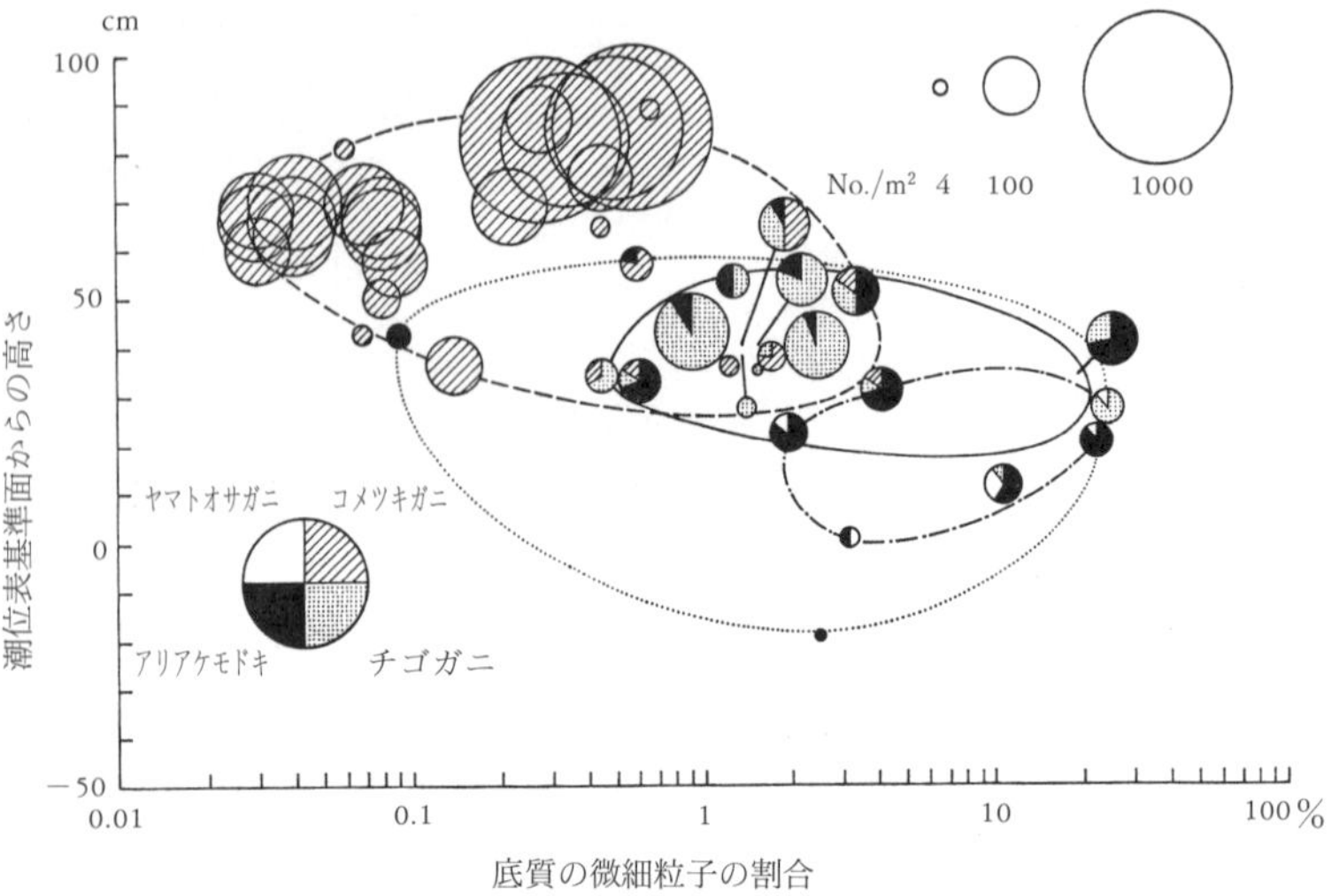

図 26　底質の微細粒子（径 0.125mm 以下）の割合（乾燥重量%）と潮位高からみた蒲生干潟におけるスナガニ科 4 種の分布．（文献 1 より）

粗い粒子を処理するのに適したスプーン状の毛を、チゴガニよりも多く具えている（図29）[4]ことによるものと考えられる。実際に、チゴガニをコメツキガニ生息地に移して、一日後、その個体の消化管をみたところ、消化管の充満度が明らかに低下していた。つまり、コメツキガニ生息地の粗い底質では、チゴガニは摂餌に支障をきたすことが示されたのである。しかし、逆にコメツキガニをチゴガニ生息地に移しても、移された個体の消化管の充満度は高く、活発に摂餌が行われたことが示唆された。コメツキガニがチゴガニ生息地の底質条件に分布しないのは、摂餌上問題があるのではなさそうで、別の生活上の要因、例えば巣を

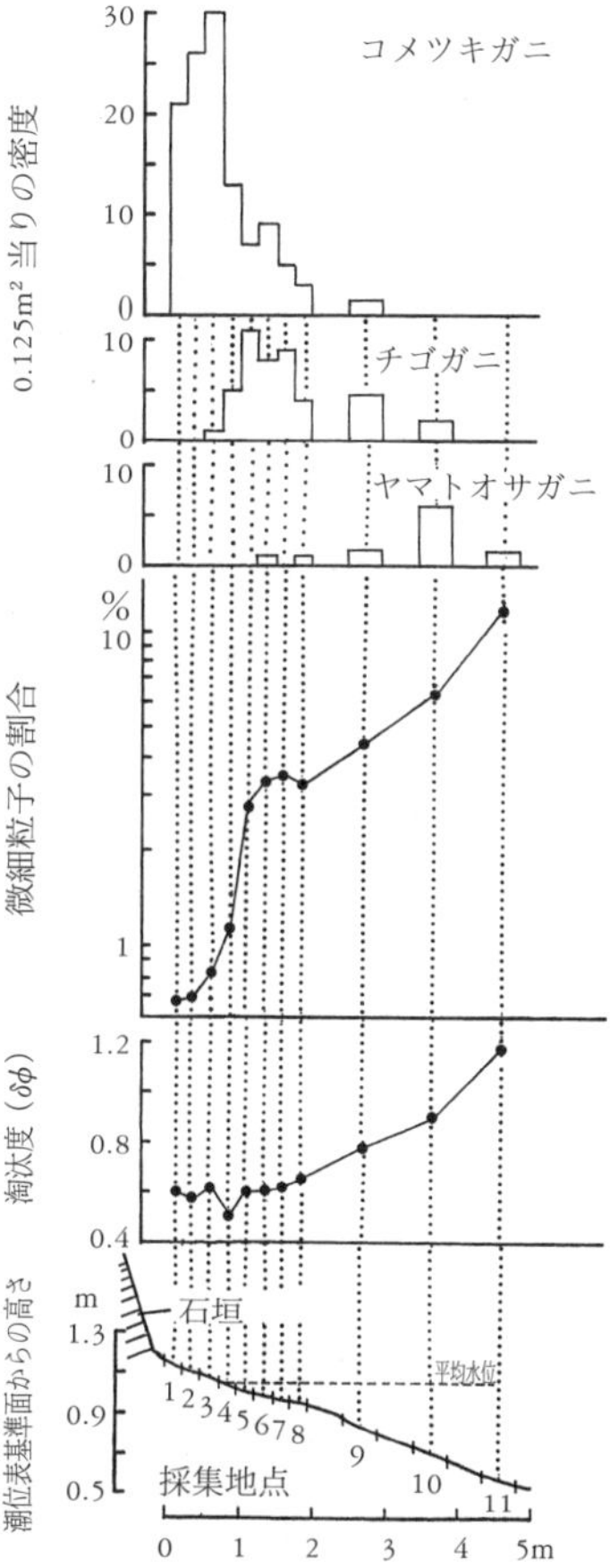

図 27　和歌山市和歌川河口域の 1 干潟横断線上におけるスナガニ科 3 種の生息密度と底質の粒度の分布. 底質の粒度として, 微細粒子（径 0.063mm 以下）の割合（乾燥重量%）と淘汰度を表示した. レベルが低くなるにつれて, 底質の微細粒子含量が増加し, それに伴って生息する種が, コメツキガニからチゴガニ, そしてヤマトオサガニへ変化する様子がわかる.（文献 2 より）

図 28　コメツキガニと，それが排出した砂団子.

図 29　コメツキガニとチゴガニの口器（第 1，第 2 顎脚）上の毛. コメツキガニの方が，スプーン状の毛は，膨らみが大きい. 羽毛状の毛は，チゴガニにあるが，コメツキガニにはない.（文献 4 より）

造りやすいかどうかといった面などを考える必要がありそうである。

分布が底質条件に規定されている例は、スナガニ類以外の底生動物でもみられる。二枚貝では、イソシジミは、やや砂質のところ、ソトオリガイは、むしろ泥質寄りのところに生息場所をもつ。多毛類でも、最も泥質のところにミズヒキゴカイが、少し砂が混じるようになるとゴカイが、そしてもっと砂質寄りにはスゴカイイソメやムギワラムシが、というように分布する種が異なる。ところがまったく底質に規定されない分布様式を示す底生動物もいる。干潟表上に散らばるように見られる巻貝のホソウミニナである。本種は、砂泥上のみならず砂レキや岩上にまで分布する。つまり、ほとんどの種類の基質を利用できるのである。同じような岩から砂泥までといった幅広い基質利用の例は、同じ巻貝で、ヨーロッパに分布している *Hydrobia ulvae* や *Littorina saxatilis* などでも知られている。おそらく、これらの巻貝は、主として基底表上で生活し、穴居する傾向がほとんどないことと、基底表上の餌の摂取様式が基底底質に依存しない特徴をもっているためかもしれない。

2　生活期からみた分布——浮遊期

海産無脊椎動物の多くは、幼生期をプランクトンとして過ごした後、底生生活に移行して成体期を

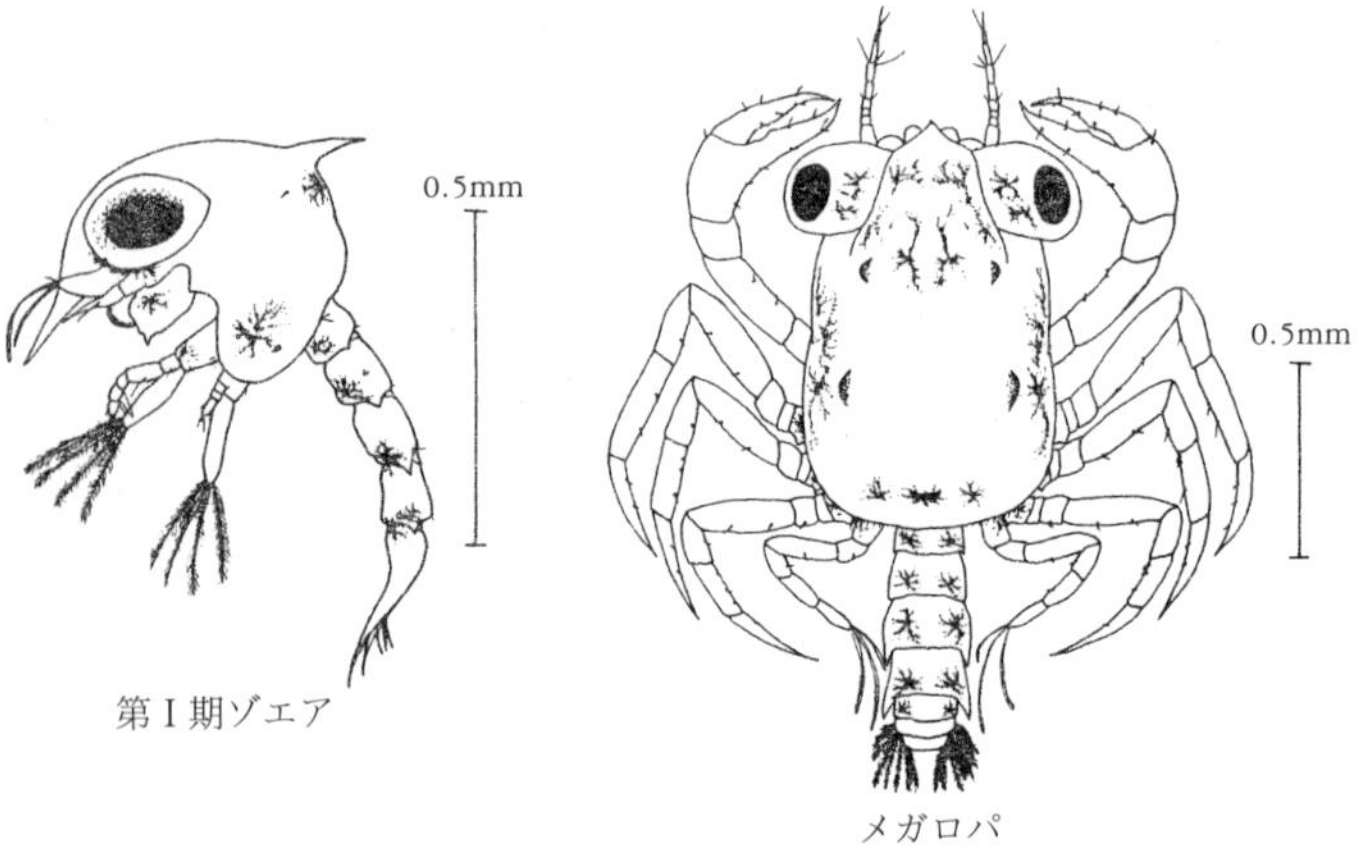

図30　シオマネキの第Ⅰゾエア幼生とメガロパ幼生.（文献5より）

迎える。つまり幼生期には水中を生活圏に、成体期には海底を生活圏にするという違いをもっている。スナガニ科のカニ類も、卵から孵化した幼生は、ゾエア期、メガロパ期（図30）というプランクトンの時期をもつ。この浮遊幼生期における分布の様相は、九州天草下島の富岡湾において、コメツキガニの幼生で詳しく調べられている。[6] これによると、本種のゾエア幼生は、成体が分布する干潟近くの大潮平均低潮線付近に限られて分布すること（図31）、さらに満潮になると成体生息地上の水塊にも出現することが明らかとなっており、成体生息地の干潟付近に保持される傾向が強い。アメリカのチェサピーク湾においても、成体の生息地が河口域の上流に限られるシオマネキ類の幼生は、やはり成体生息地付近の水域に保持される傾向にある。[7] しかしその後、これとは逆の傾向を示す結果も得られるようになった。鹿児島県の一河川河口部近くの海浜前面にある砕

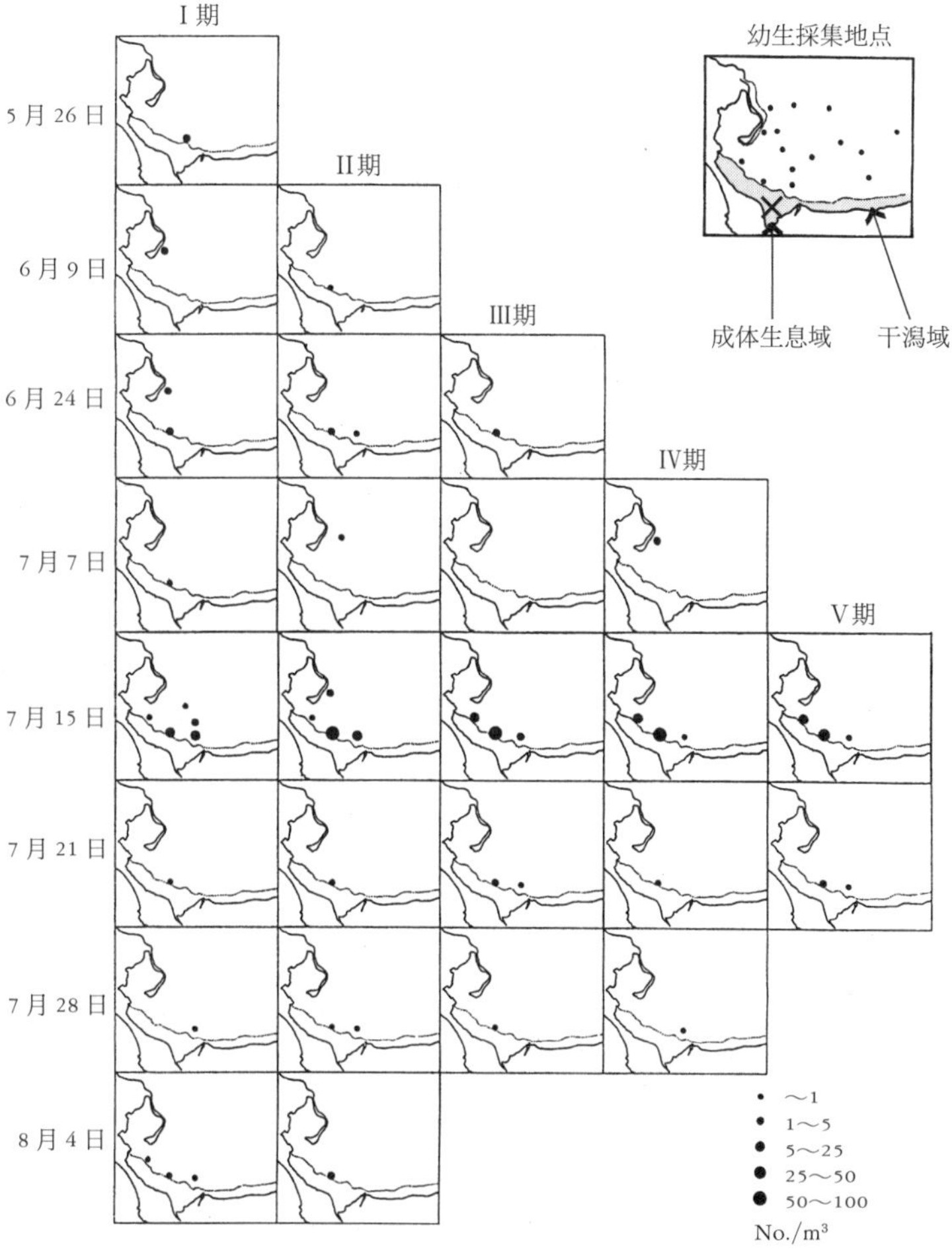

図31　九州天草下島の富岡湾におけるコメツキガニのゾエア幼生の分布．I期からV期のいずれのステージも，成体が生息する干潟近くの水域に分布していることがわかる．（文献6より）

波帯（波打ぎわからその沖側の砕け波の生ずる限界までの間）の水塊より、コメツキガニやチゴガニのゾエア幼生が数多く得られている[8]。アメリカのデラウェール湾の湾口部とその沖合い三六キロメートルまでの大陸棚域にあっても、デラウェール湾に注ぐクリーク沿いに成体が分布するシオマネキ類のゾエア幼生が多数得られることが報告された[9]。内湾奥や河口域の干潟で、成体雌より放出された幼生は、その後、その付近の水域に保持される場合と、一旦、外洋や砕波帯といった海域まで流出する場合があるようだ。外洋に流出した幼生の場合は、おそらく元の成体生息域には戻らず、他の内湾・河口域の干潟に定着するものと想像される。

最近、長崎大学水産学部の玉置ら[10・11]は、有明海沿岸の干潟に分布する甲殻類のスナモグリ類（図32）について、プランクトン幼生期の分布を広範囲にわたって詳細に調べ、干潟域における成体の分布との対応を明らかにした。この研究は、干潟底生動物の底生期の分布と浮遊幼生期の分布の双方を広範囲かつ多地点にわたって調べたものとして、世界で類をみないものである。海域面積一七〇〇平方キロメートルを擁する内湾、有明海とその外側にある面積約七〇〇平方キロメートルの橘湾の沿岸干潟域のほぼ全域にわたる一三〇地点で、三種のスナモグリ類の分布が調べられ、ニホンスナモグリが有明海に限られて出現するのに対し、ハルマンスナモグリとスナモグリは有明海の湾口近くから橘湾の全域にわたって出現するという違いが示された。一方、水塊中の幼生の分布については、これも有明海、橘湾のほぼ全域をおおうように五八地点で、プランクトンネットによる海面から海底までの垂直びきにより、幼生の定量採集がなされた。それによると、底生期の分布が有明海に限られるニホンスナモ

図32　ニホンスナモグリ *Nihonotrypaea japonica*. 体長：6.5cmまで. 分布：北海道以南から九州，朝鮮半島，中国.

グリでは、初期幼生は、有明海でも、湾口近くの水域に限って出現し、かつ有明海の外にある橘湾にも広く出現することがわかった。続く後期幼生は、有明海では、初期幼生が得られたのとほぼ同じ水域で見られるのに対し、橘湾からはもはや見られなくなった。ニホンスナモグリでは、その幼生は、成体分布域のうちのかなり湾口寄り（外海寄り）に分布が限られ、かつ初期幼生の時期には、有明海の外側に移出するものがかなりあることがわかる。これに対し、底生期の分布が有明海湾口部から橘湾にあるハルマンスナモグリとスナモグリでは、初期幼生は橘湾全体に広がって見られ、続く後期幼生は、主に橘湾の南側水域に片寄って出現した。ハルマンスナモグリの場合は、幼生の分布が、成体分布域近くの水域に成立しており、その中で後期になると分布域が限定されてくることがわかる。玉置ら[12]は、さらに、このハルマンスナモグリの幼生が、一つの干潟域から水塊中に放出された数のうち、どれくらいの割合が元の干潟に回帰するかを試算しており、それは、幼生の干潟への定着が見られる時期の初期で、〇・一一〜〇・二四パーセント、後期で〇・〇六パーセント以下としている。

3 生活期からみた分布——底生期

幼生が定着し、底生生活に入ってからは、固着性の底生動物では、分布域に変化はほとんどないが、移動性の底生動物の場合は、成長に伴い、また季節によってもその分布域が変動することが知られている。干潟の中上部に分布域をもつコメツキガニとチゴガニについて、体サイズによって分布がどのように異なるかを検討してみよう。[13]分布域の上部から下部までの体サイズ組成は一様ではない（図33）。両種とも、大型個体や卵を腹に抱えた雌（抱卵雌）は、上部に片寄って分布する。一方、定着直後の性別不明の小型個体（稚ガニ）は、コメツキガニでは、上部から下部まで一様に分布するのに対して、チゴガニでは、やはり上部に片寄って分布する。稚ガニに相当する小型個体の密度を、中大型個体の密度と対応させると、コメツキガニでは負の相関が、反対にチゴガニでは正の相関が得られる。

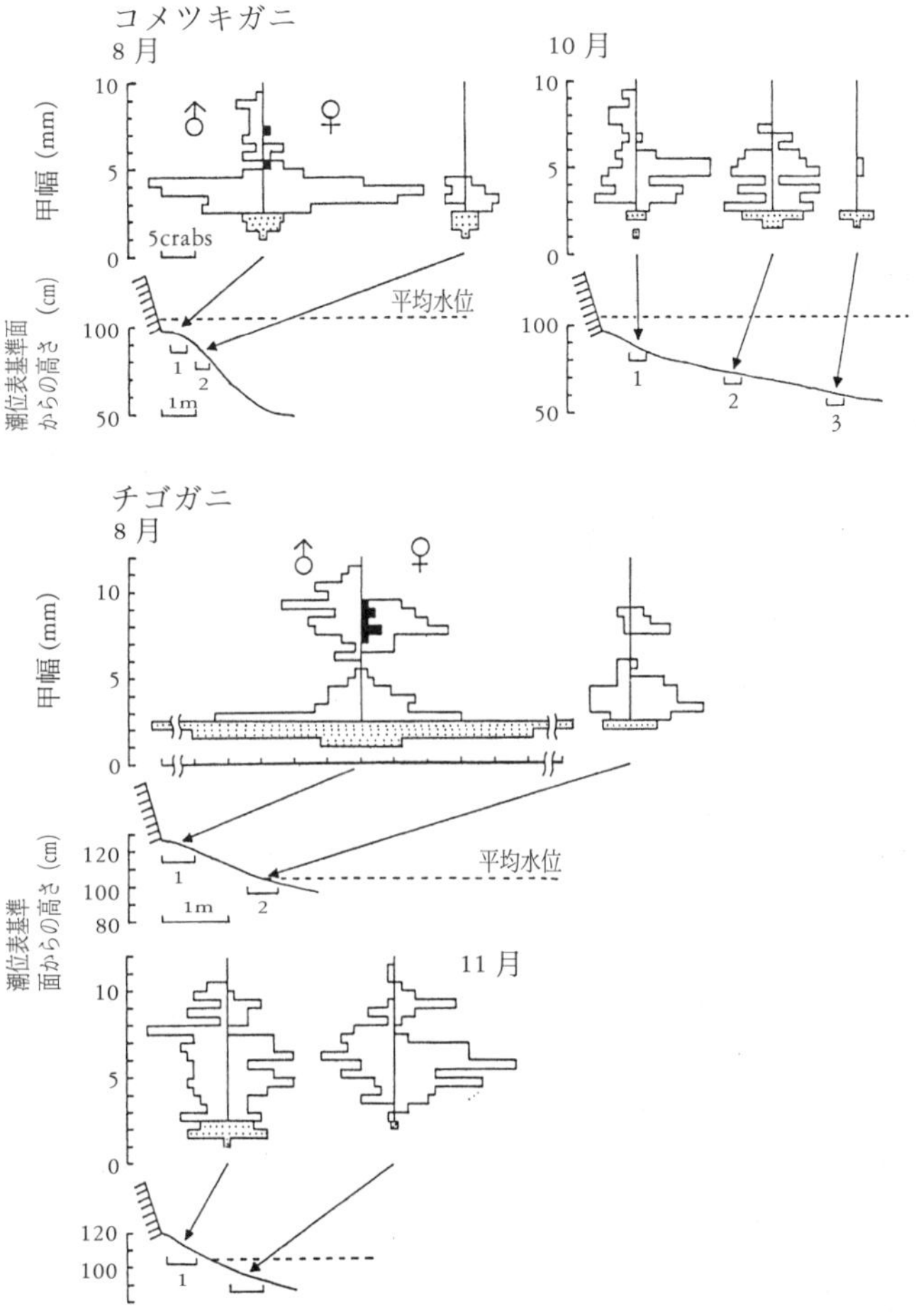

図33　コメツキガニとチゴガニそれぞれの，分布域上部と下部における体サイズ（甲幅）組成. 甲幅 2.5mm 以上の個体は，雄と雌（黒色は抱卵個体）に区別し，甲幅 2.5mm 未満の個体は，性別不明の稚ガニとして，夏期と秋期について表示した.（文献 13 より）

これは、コメツキガニの稚ガニは、成体同様、自分の巣穴を所有するのに対して、チゴガニの稚ガニは、中大型個体の巣穴に寄居するものが多いためである。このチゴガニにおける他個体の巣穴に寄居する個体の体サイズは、甲幅三・八ミリメートル以下になっており、逆に甲幅三・三ミリメートルを越えると、自分の巣穴に小型個体が寄居するようになる[14]。いずれにせよ、このような稚ガニと成体それぞれの分布の特徴から、コメツキガニでは、稚ガニの段階で、分布域全体に広範に分布し、成長に伴って上部に片寄るよう変化するのに対し、チゴガニでは、稚ガニの段階で、上部にある成体の高密度域に集中して分布し、少し成長すると上部から下部まで広く分布するようになり、大型になると再び上部に片寄って分布するというように、互いに異なった分布変化を示すことがわかる。

大型個体が分布域の上部に片寄って分布するという特徴は、他のスナガニ科の種、例えばヤマトオサガニ[15]、*Scopimera inflata*[16]、*Dotilla fenestrata*[17]、*Ocypode quadrata*[18]でも知られている。生息地の餌条件が、上部より下部の方がいいか[15]、ほとんど違いがない場合でも、大型個体が上部に片寄る特徴を示すことから、大型個体の上部への片寄りに関与する条件としては、餌以外を考えざるを得ない。他の条件としては、上部の方が下部より地下水のレベルが低くなって、深く安定した巣穴が掘れることと、干出時間が長いことで地上活動時間が長く取れるという二つが考えられる。生息する場を決めるのに重要な巣穴の争奪は、コメツキガニの場合、体サイズの大きさによって決まることから[19]、大型個体が他個体との干渉によって、上部に追いやられて分布するようになったとは考えにくく、この二つの条件のいずれかに基づいて、大型個体が上部の場所を選択したとみなせる。そこでこの二つの条件のうち、地上活動時間の長短を検討するため、同一レベルに分布する大型個体と小型個体で、実際に地上活動時間に差があるかをみたところ、両者の間に有意な差は認められなかった[19]。つまり大型個体の方が小型個体よりも地上活動時間が長いわけでなく、地上活動時間が大型個体で長いために生息地の上部を好んでそこに住みつくという説明は成り立ちにくい。結局考えられるのは、残りの条件、すなわち深くて安定した巣穴をもつ要求度が、大型個体で高いことが、上部への分布の片寄りの大きな要因になっていることになろう。大型個体は、交尾、産卵そして抱卵までの繁殖活動を巣穴内で行うという小型個体（未成熟個体）にない巣穴の利用意義をもっており、この繁殖活動にとって、安定した巣穴は不可欠であろう。実際、シオマネキの一種 *Uca beebei* では、雌は雄とつがう場合、生息地上部にいる、特に深くて長い巣穴をもつ雄を選択していることが知られている[20]。

同じような体サイズであっても、個体によって生息場所の利用の仕方に違いが認められる。コメツキガニとチゴガニについて、個体識別した個体の巣穴位置を、ほぼ二週間にわたって追跡したところ[21]、巣穴位置をあまり変えない定住性の強い個体と、頻繁に巣穴を変える定住性の弱い個体が識別され、前者は、その巣穴位置を分布域上部に限るのに対し、後者は、分布域の上部から下部まで広く利用することが明らかとなった（図34）。このような生息場所利用の様式は、個体識別したカニを根気よく追跡することで初めて明らかになることである。

スナガニ類は浮遊幼生期をもつ底生動物であるが、干潟には浮遊幼生期をほとんどもたない底生動物もある。日本各地の干潟や内湾の岩上にごく普通に見られる巻貝ホソウミニナ（図35）もその一つ

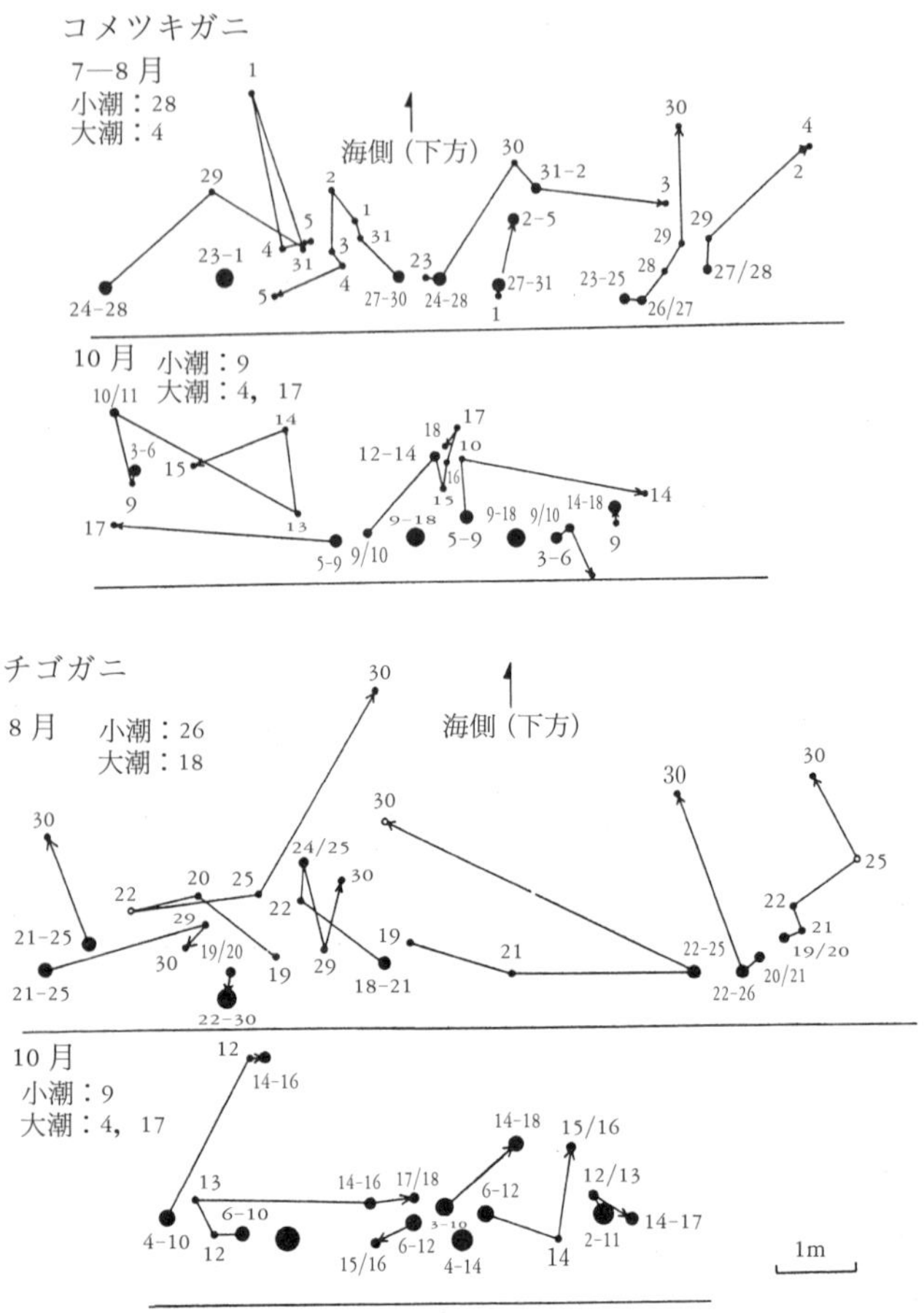

図 34　コメツキガニとチゴガニ雄個体の，7—8 月と 10 月における巣穴位置の経日変化．巣穴位置を黒丸で示し，同じ位置での記録日数の多寡を丸の大きさで示した．各位置横の数字は，記録された日を示す．両種とも，レベルの高い地点で，同じ位置に長く巣穴をもつ個体と，レベルの高いところから低いところまでで頻繁に巣穴位置を変える個体が認められる．（文献 21 より）

図35　ホソウミニナ *Batillaria cumingi*. 殻長：3cm まで. 分布：サハリン以南から九州まで，朝鮮半島，中国.

で、本種は、砂粒でおおわれた卵（図36）を一つ一つ砂泥中に産み、その卵から貝殻をもった稚貝が孵化するという発生様式をもつ[22]（六三頁参照）。この種が、卵から稚貝、さらに成貝へと成長に伴い、どのように生息場所を変えるのかが、最近明らかにされた[23]。本種の成体は、潮間帯上部から下部までの砂泥、泥、岩といった幅広い条件に分布する。卵の分布は、成体のそれにほぼ一致するが、卵から孵化直後の殻長一ミリメートル以下の個体は、干潟砂泥中からはほとんど見つからず、干潟に散在する岩盤上に生える海藻中に集中する。殻長が一〜二・五ミリメートルに成長する段階になると、その分布は、岩盤上の海藻に限らず、成体の分布に近い様相を示し、この時期に分散が起こったとみなされる。この分散手段は、主に水表面に浮く、いわゆるフ

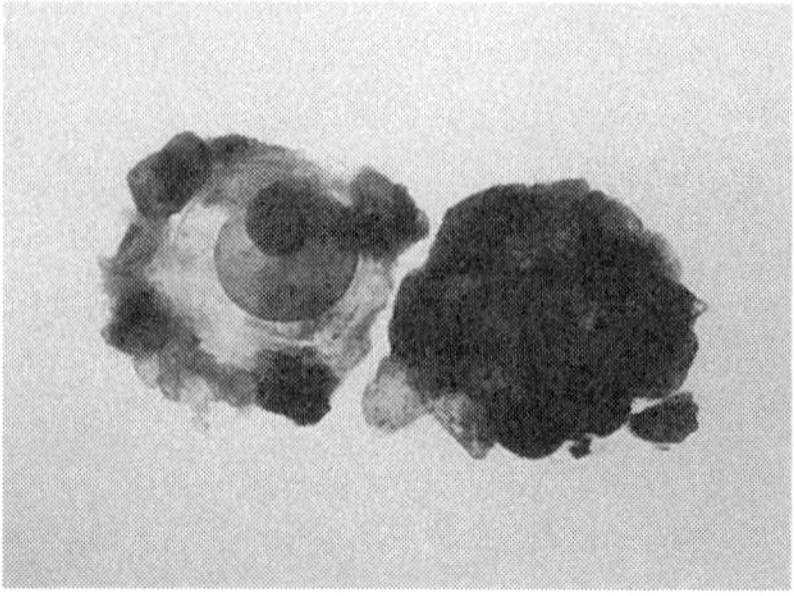

図 36　ホソウミニナの 2 個の卵のう．表面に砂粒が付着し，左の卵のうには孵化間近の稚貝が認められる．（文献 22 より）

ローティング（floating）によるものである。それは、実際に、満ち潮時、干潟表面を洗う海水を採取すると、殻長一ミリメートル前後の本種稚貝が多数得られることから（多い時で、海水二四〇リットル当たり八二個体）理解できることである。海産の多くの巻貝では、貝殻をもった貝になる前の幼生の段階で浮遊生活を送るが、ホソウミニナでは、貝殻をもってからのごくわずかの時期に、水塊中に浮遊するのでなく、海水面に浮くという限られた浮遊期をもっているに過ぎない。

4　潮の干満に伴う移動

スナガニ科のカニ類では、高い移動能力を使って、潮の干満に応じて分布域を変化させることが知られている。それは、干潟上部の水はけのよいところで、巣穴を所有している個体の一部が、潮が引くにつれ、その巣穴所有域を離れ、汀線付近に放浪し、満ち潮時には再び巣穴所有域に戻るというものである。この干潟下方への放浪は、コメツキガニやヤマトオサガニ、ヒメシオマネキなどでよく見られ、ときには放浪個体が集団をなして干潟一面を移動する（巻頭グラビア図37）のを見ることがある。放浪個体はいずれも、放浪しながら、干潟表面の砂泥を口に運ぶ摂餌活動を行っている。かれらは、自分の巣穴を所有しないため、外敵が近づくと、最も近くにある同種または異種の他個体の巣穴に逃げ込むが、水分含量の高い場所では、砂泥下に体を即座に埋める。なぜこのような放浪をするかについての説明は、コメツキガニで詳しく議論されてきた。それは、密度の増加による巣穴域からの分散[24]と、呼吸や摂餌に必須の水分が干潟上部では、干出時間とともに欠乏するため[25]という二つの仮説で出されてきた。最近になって、古賀[26]は、この二つの仮説を否定するデータを示し、むしろ摂食要求が高くなった個体が、餌条件のよいところで摂餌活動を行うことによるものであるとした。ここでいう餌条件のよいところというのは、餌となる有機物量が、干潟上部より下部の方が多いことを指す。しかし、干潟表層に水分がある程度維持されていることも摂餌上重要であるとすれば、汀線付近は、干潟上部に比べ餌条件としてはよく、そのため摂餌要求の高い個体が下方へ放浪するとの説明も成り立つ。実際、ヤマトオサガニやシオマネキの一種 *Uca pugilator*[29]では、砂泥中の餌含量そのものよりも、水分含量の方が、摂餌放浪を決める主要な要因であることが示されている[27・28]。

潮の干満に伴い、ダイナミックにその生息場所を変える干潟の底生動物の代表例として、ヨーロッパの干潟にごく普通の小型巻貝 *Hydrobia ulvae*[30]を挙げておく（図38）。本種は、引き潮時、干潟表面を匍

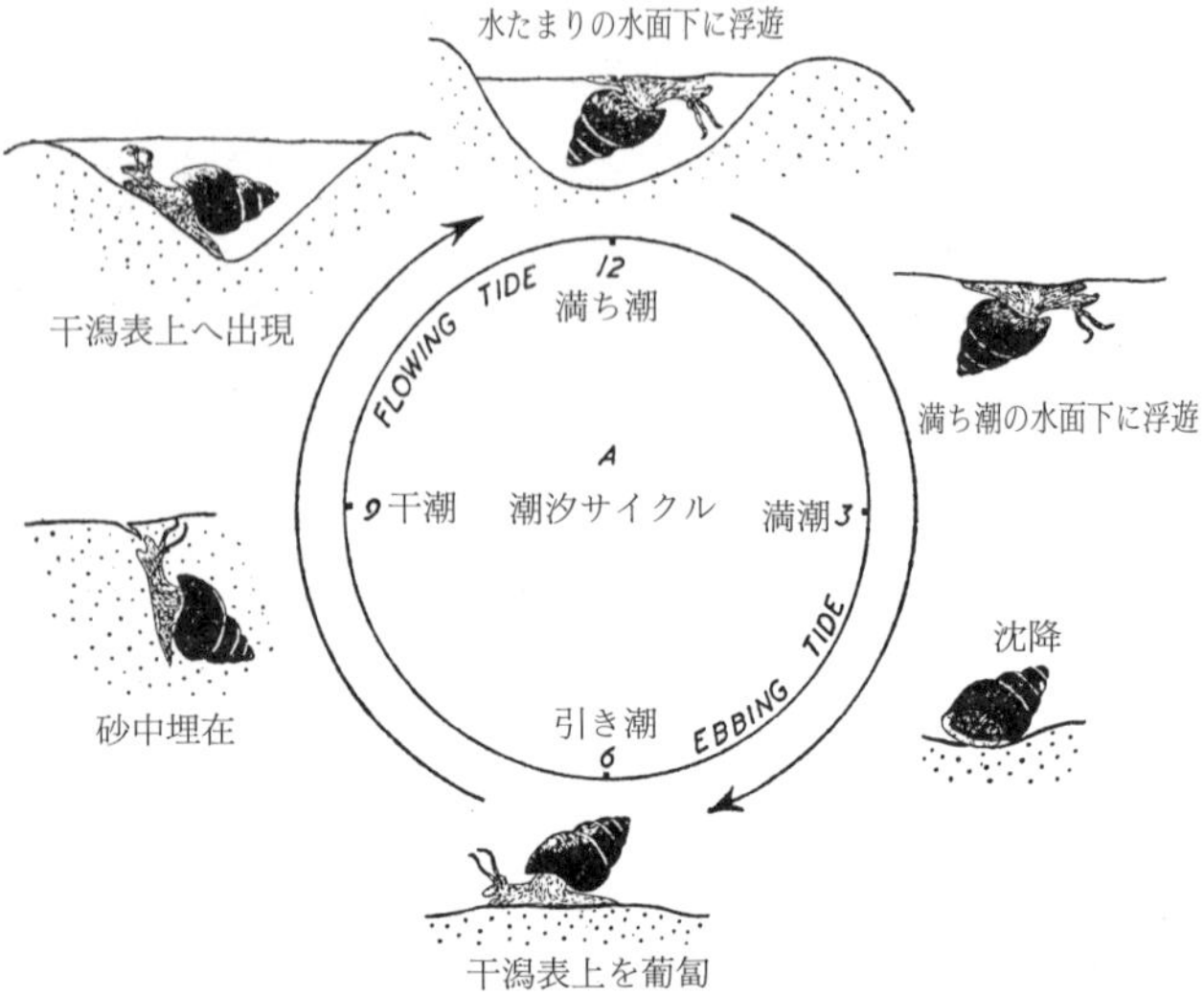

図 38　小型巻貝 *Hydrobia ulvae* の潮汐サイクルに伴った生息場所の変化の模式図．引き潮時，干潟表面を摂餌しながら下方へ匍匐し，最干潮時には，砂中に埋在する．満ち潮時に水が干潟にさしてくると，砂中から現れ，水面に浮き，満ち潮に乗って上方へ移動し，満潮になると下へ沈降する．（文献 30 より）

匐し、その間表面のデトリタスを食べる。最干潮近くになると、干潟泥中にもぐり、そこで頭部を上に向けたまま定位し、その間、泥直下で餌を取る。満ち潮時、潮がさしてくると干潟表面に現れ、水表面に粘液いかだを使って浮く。そして次の引き潮時には、干潟表上に沈み、再び干潟上を匍匐する。つまり、この巻貝は、干潟にある基本的な三つの媒質、基底（泥）・水塊・基底と空気または水との境界のすべてを生息場所として利用し、結果として、内在底生生物であったり、表在底生生物であったり、浮遊生物であったりする。

〈閑話3〉

―冠水時の観察―

スナガニ類は、昼間、潮が引いた時、つまり干潟が干出した時に、摂餌や求愛といった活動を行う。これとは逆に、干潟が水没する冠水時に摂餌活動を行う底生動物もいるし、引き潮時や満ち潮時にむしろ活動の中心がある底生動物もいる。スナガニ類の場合、冠水時は、巣穴の中に入ったままで、砂泥表面には出てこないとされているが、ほんとうにそれを確かめたという報告を知らない。それを確かめるには、冠水時に水面からマスクで水底を見て回るか、水中カメラを利用して見るしかない。干潟のあるところは、そもそも水が懸濁物を多く含んでいて、透明度も悪く、とても顔を水中に浸けて水底を見る気にはなれない。しかし、若い頃、昼と夜二回、これを試みたことがある。私は一応スキューバ潜水はできるが、スキューバを使うほどの水深にはならず、シュノーケリングで、懸命に水面下にある干潟表面を見て回った。しかし、干上がった時にあんなに群生していたチゴガニやコメツキガニは、一個体も水面下で見ることはなかった。一回きりの観察ではあったが、これで、一応、自分としては、冠水時は、かれらは地表に出てくることはないと思い込むことにした。

しかし室内で、潮汐周期を与えた水槽で、オサガニやヤマトオサガニを飼育すると、冠水時に巣穴から出て泥表上を動くこともあることがわかった。オサガニやヤマトオサガニは、チゴガニ、コメツキガニよりは、潮間帯の低いレベルに分布するもので、こういう種では、活動を干出時に限るという傾向が弱くなって、冠水時でも活動することがあるのかもしれない。

第三章◎生活史

1　卵から幼生そして成体へ

海産無脊椎動物の多くは、幼生期をプランクトンとして過ごす浮遊幼生期をもつが、前述のホソウミニナや甲殻類のフクロエビ類のように、成体の形に近い非浮遊性の幼体が、卵または親から産出される発生様式（直達発生と称される）を示すものもある。ホソウミニナが属するウミニナ科の貝の多くは、干潟を主な生息場所とするが、ホソウミニナと近縁のウミニナは、浮遊幼生期をもち、一方同じく近縁のイボウミニナは、浮遊幼生期をもたず[1]、生活史における浮遊幼生期の有無は、この場合、系統関係とは無関係のようである。

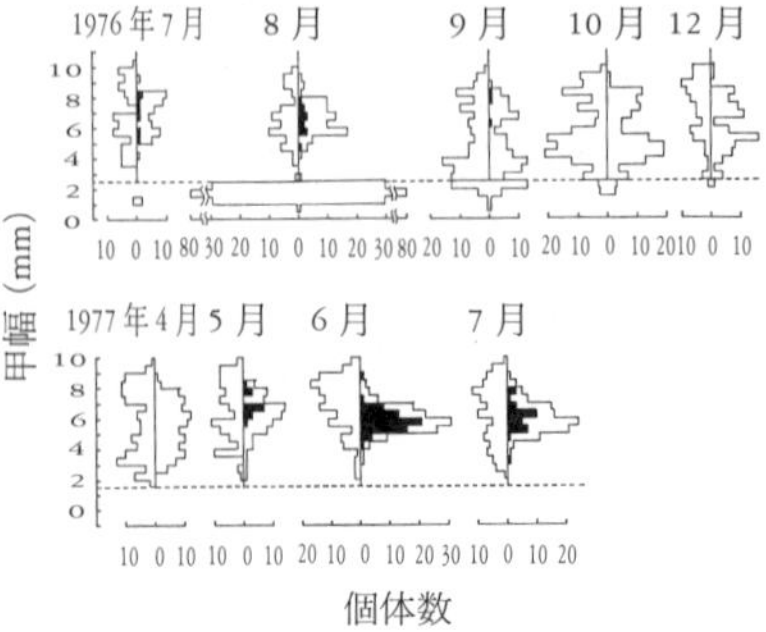

図39　和歌山市和歌川河口域におけるチゴガニ個体群の体サイズ（甲幅）組成の季節変化．甲幅 2.5mm 以上の個体は，雄（左側）と雌（右側）に分け，甲幅 2.5mm 未満の個体は，性別不明の稚ガニとして表示した．黒色部は抱卵雌を示す．（文献 2 より）

干潟に生息するカニ類では、巻貝とは異なり、直達発生をするものは知られていない。ここでは、スナガニ科のカニ類の生活史をまず概観してみる。

底生期にある個体群を、定期的に採集し、その体長組成を追跡することで、生活史の概略が得られる。和歌山市の和歌川河口で、一九七六年から一九七七年にかけて調べられた[2]チゴガニの甲幅組成をみると（図39）、卵を抱いた雌、抱卵雌が出現するのが五月から九月までで、その数が最大になるのが六月であること、浮遊幼生期を経て底生期に入った直後の稚ガニの出現が七月から見られ、八月にピークをもつこと、生後一年で、抱卵するサイズ、すなわち繁殖サイズに達すること、そして寿命は最低二年はあることがわかる。

雌が一回の繁殖期間中、何回抱卵するかについては、コメツキガニで一・三回、チゴガニで一・六回、ヤマトオサガニで四・三回という推定値が得られている[3]。一回の抱卵数は、雌の体サイズが大きい程多くなり、チゴガニでは五〇〇から五万五〇〇〇までとされている。[3] 抱卵雌からのゾエア幼生の放出は、大潮の夜間満潮時に行われることが、シオマネキ類で明らかにされている。[4]

幼生期は、ゾエア期とその次のメガロパ期（図30）から成り、ゾエア期はさらに脱皮の回数により、四期または五期に分かれる。ゾエアからメガロパまでの浮遊期間の長さは、水温によって、またゾエアの令期の数によっても異なるが、熊本県天草周辺の沿岸では、一六〜三三日と推定されている。[5] ゾエア期に一旦、親個体群の生息する干潟域から分散した幼生は、メガロパ期になると、満ち潮に乗って干潟域へ回帰する。かれらは、負の走光性によって水底近くに定位し、満ち潮時に海水が水底近くから流れ込むのを利用するのである。メガロパ幼生の底生期への移行は、定着によって決まる。定着する場所はランダムでなく、ほぼ成体が分布するのと同じ底質条件をもつ干潟上に定着する。[6] 定着して稚ガニに変態後、成長を続け、コメツキガニやチゴガニでは翌年、ハクセンシオマネキ（図15）やシオマネキ（図40）では翌々年に繁殖に参加するようになる。寿命は、チゴガニで少なくとも二年と推定されているが、[2] シオマネキでは五年、[7] ハクセンシオマネキでは七年はあるとされている。[8]

二枚貝の生活史にもふれておこう。潮干狩りの対象となっていて、干潟の二枚貝の代表ともいえるアサリ[9]では、繁殖期は、北海道や東北では夏から秋にあり、東京湾や有明海では春と秋の二回ある。放卵数は、殻長三八ミリメートルの個体で、約一〇〇万粒もあるとされており、スナガニ類に比べると際立って多い卵数である。卵から孵化した幼生の浮遊期間は、約一五日程度であろうとされている。定着後二年ないし三年で、繁殖に参加し、八〜九年は生きると推定されている。ハマグリ（図41[10]）で

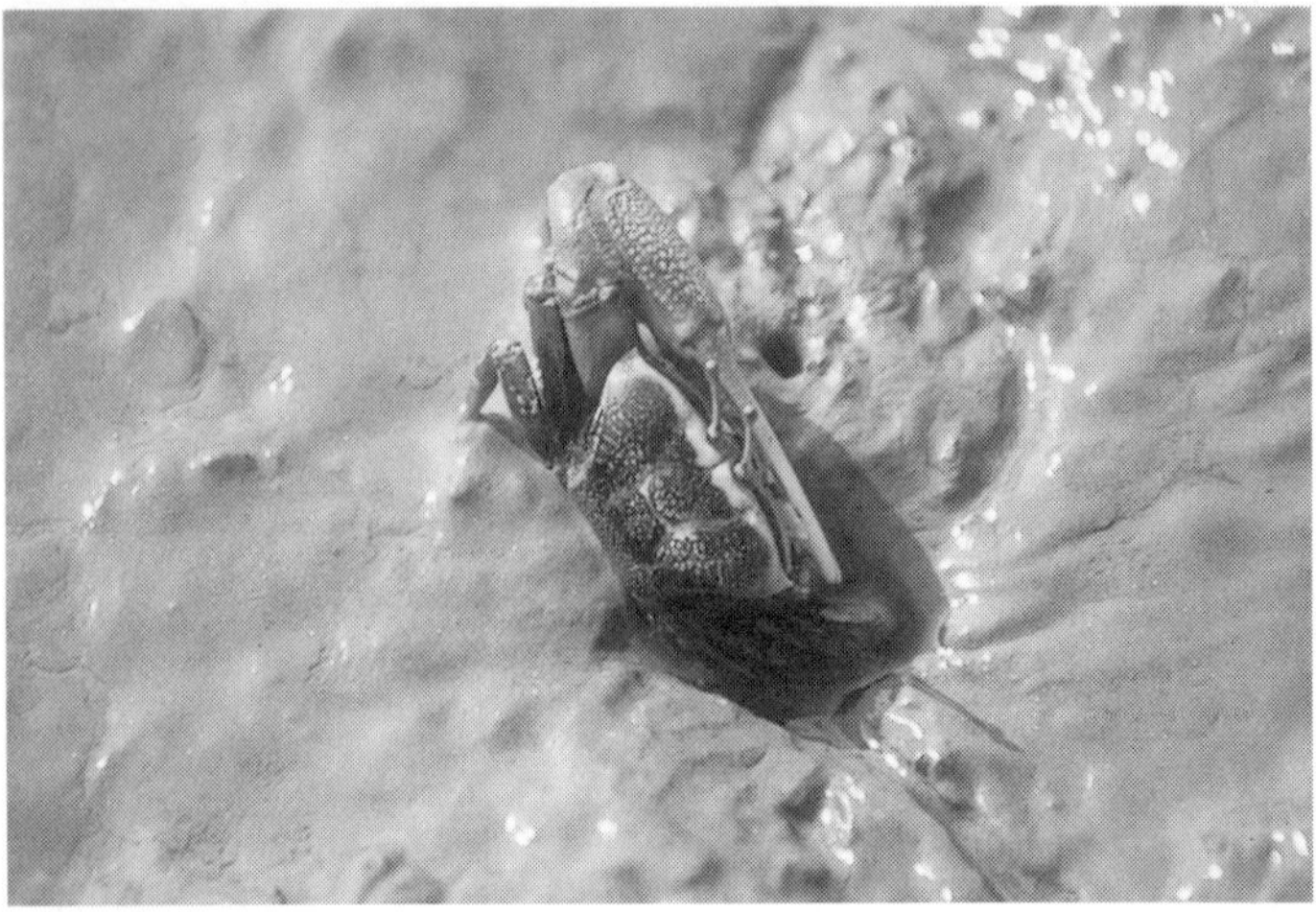

図 40　シオマネキ *Uca arcuata*. 甲長：2.5cm まで. 分布：三重県以南から沖縄, 朝鮮半島, 中国, 台湾, ベトナム.

は、繁殖期は夏期で、アサリのような年二回の繁殖期は知られていない。産卵数は、殻長六〇ミリメートルの個体で二七〇万粒もあったとされ、やはり、スナガニ類に比べると際立って多いことになる。浮遊幼生の期間は約九日で、アサリよりは短いが、両種とも、幼生の浮遊期間は、スナガニ類に比べてかなり短い。ハマグリの寿命は一一～一二年で、アサリよりも若干長く、スナガニ類に比べると極めて長い。

最後に干潟の多毛類の生活史をいくつか紹介しておこう。釣り餌として重宝されているイソゴカイ（図42）は、養殖を目的としてその生活史が詳しく調べられている[11]。本種は、干潟でも、表面が小石でおおわれた砂泥質の潮間帯中部から下部にかけて分布する。繁殖期は春から夏で、雌一個体の産卵数は、平均約

図41　ハマグリ *Meretrix lusoria*. 殻長：8.5cm まで. 分布：紀伊半島以南から九州.

三万で、産卵は日没後に行われる。卵から孵化した幼生の浮遊期間は、約六日間と短く、その後、底生生活に入ってから一年後に成熟し、産卵後は死亡する。つまり寿命は一年で、スナガニ類や二枚貝に比べると短い。

世界各地の有機汚濁の進んだ泥干潟に出現する多毛類イトゴカイ科の *Capitella capitata* は、汚染域に適応的な生活史をもつことで有名である。本種は、成熟個体のサイズ、卵サイズ、産卵数、浮遊幼生期間といった生活史特性が異なるタイプの存在が知られており、そのうちのタイプIに相当するものの生活史が、九州天草で詳細に調べられている。[12・13] それによると、本種は、生涯で一回しか産卵せず、寿命はわずかに六週間程度という極めて短いものであるが、

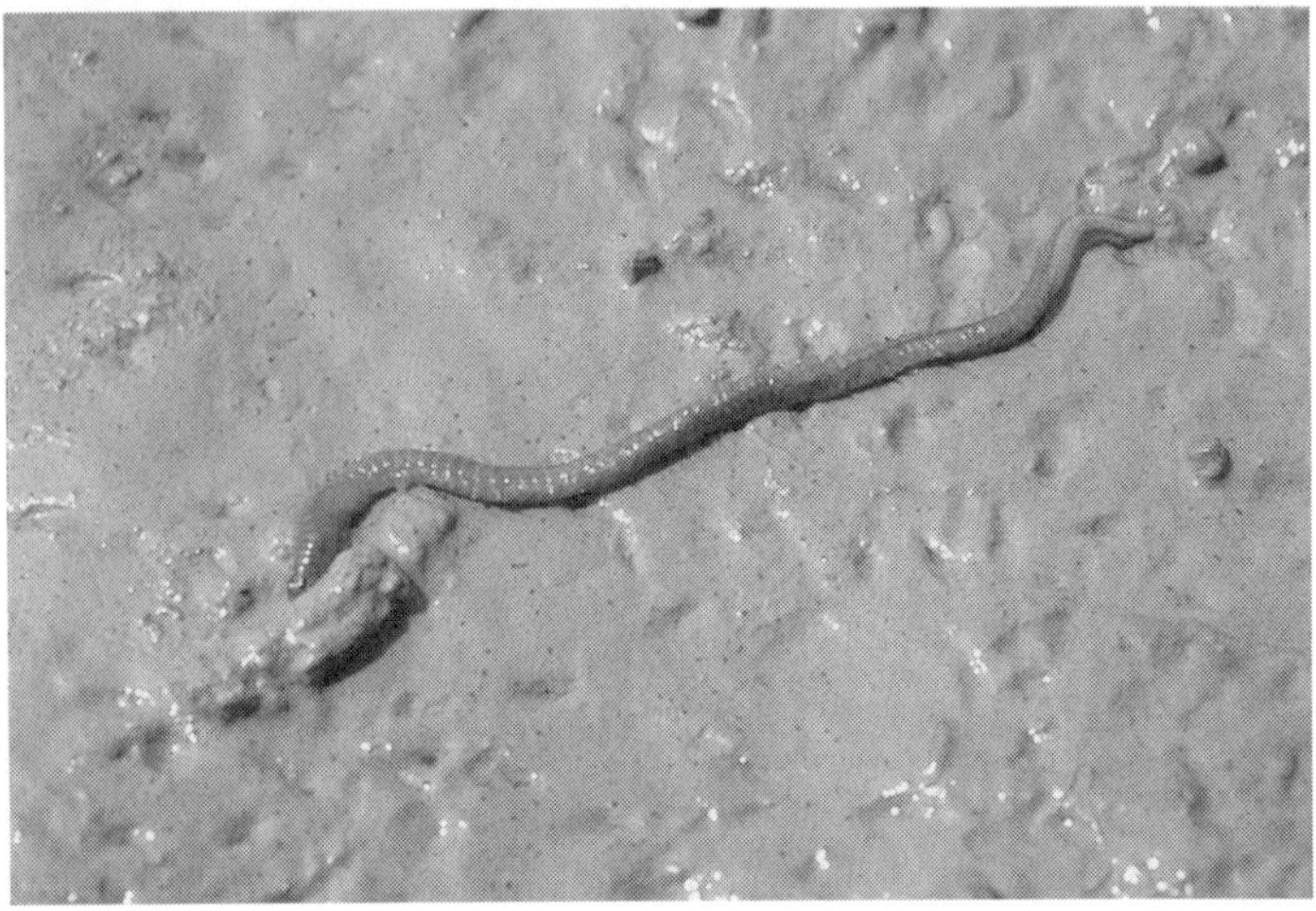

図 42　イソゴカイ *Perenereis nuntia*. 体長：10cm まで. 分布：日本全土からインド—大平洋全域.

繁殖はほぼ周年にわたって行われる。卵から放出された幼生は、浮遊期をほとんど経ることなく、三〇～五〇日で成熟する。このような性成熟達成までの期間が短く、寿命も短いという特性が、汚染地域のような環境が不安定になりやすいところで、個体群を回復維持させるのに適応的であるとみなされている。

＜閑　話４＞

―ホソウミニナの直達発生の発見―

海産貝類の多くは、ベリジャーという浮遊幼生をもつのに、ホソウミニナは、浮遊期をもたず、卵から稚貝が直接孵化することを一九九六年に発見したのは、私の研究室でホソウミニナの分布を研究していた足立尚子さんである。彼女は、ホソウミニナの稚貝の微細分布を明らかにするため、干潟の砂泥砂粒を直接検鏡して、砂粒間隙に潜む稚貝を選び出すという気の遠くなるような仕事をしていたが、そのことが直達発生の発見につながった。稚貝を砂粒の中から選び出している時、奇妙な卵に気付いたのである。それは、卵一個が砂粒で被われているもので、一見すると砂粒の塊にしか見えない。「何でしょう」と相談を受けた私は、貝の卵とは思えないと言ってしまった。なぜなら、貝の場合、普通卵は卵塊を成して産出されるものと思っていたからである。彼女は納得せず、自分でその卵らしきもの一つ一つを観察し続けたところ、ついに一つの卵からホソウミニナの稚貝が孵化してきたのを確認した。現物を見せつけられ、私は彼女に脱帽した。先生の言うことをそのまま聞くだけの学生なら、私の言葉をうのみにして、突っ込んだ観察はせずにいただろう。研究に対する指導というものは、なくてはならないものではあるが、それが学生を型にはめてしまうものであっては、発展は見込めないことを改めて知らされた。また、このホソウミニナ直達発生の発見は、一方で先人の洞察力を認識する機会ともなったことも付け加えたい。実は、私の大学院生時代の恩師でもある京大瀬戸臨海実験所の元所長時岡隆先生が、この発見をさかのぼること二〇年も前に、ホソウミニナはおそらく直達発生であろうと、私に語ってくれていたのである。若さと老練に、私は教えられた。

2　繁殖期の変異

生活史の特性は、種間で異なるだけでなく、種内でも変異がみられる。ここでは、繁殖期を取り上げ、その種間、種内の変異を例示しよう。

スナガニ類の繁殖期は、温帯域の種では、夏期が中心となる。これが、熱帯、亜熱帯に分布する種ではどうなるのであろうか。亜熱帯域の沖縄以南に分布するオキナワハクセンシオマネキでは、沖縄本島においては、本土産のハクセンシオマネキ同様、抱卵雌は四月から九月まで出現し、六〜七月にピークとなる。[14] ところがマレーシアのシオマネキ属二種では、年中どの月でも抱卵雌が見られる。[15] スナガニ類の雄が示す、はさみ脚を中心にしたリズミカルな運動、ウェイビングは求愛行動の一つで、温帯域の種では、春から夏にかけてしか見られないが、これが、タイ、マレーシアといった熱帯域の種では、一年中どの月でも見られる。[16] 中米のパナマでも、そこのシオマネキ類は年中ウェイビングをしているという（クリスティ［J. Christy］私信）。このことは、繁殖期が、熱帯域では特定の季節に限定されないことを意味する。ただし、インド南西

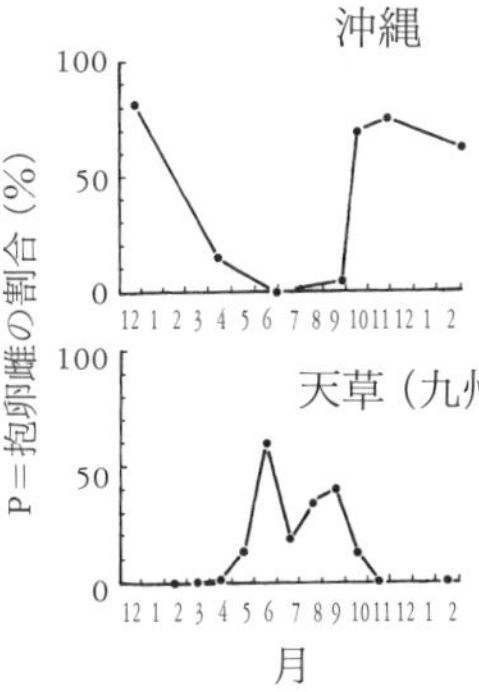

図 43　九州天草と沖縄本島におけるヒメヤマトオサガニ個体群中の抱卵雌出現率の季節変化．天草では，抱卵雌は，5 月から 10 月に出現するのに対して，沖縄本島では，反対に秋から冬に出現するのがわかる．（文献 18 より）

岸では、スナガニ類の抱卵雌は、八〜九月から二〜四月までの期間に限られ、特に一〇〜一月にその頻度が高いとされる[17]。

緯度の違いが繁殖期にどう影響するかは、同種内の地域個体群間で比較することから検討できる。逸見[18]は、日本の和歌山県以南、沖縄までに広く分布するヒメヤマトオサガニの生活史特性を、九州天草、種子島、奄美大島、沖縄本島の四個体群間で比較した。それによると、抱卵雌の出現期が、天草では五月から一〇月までであるのに対して、沖縄本島では反対に九月から四月までとまったく時期が逆転するのである（図43）。つまり、天草は夏期、沖縄本島は冬期が繁殖の中心となる。そして種子島は天草と、奄美大島は沖縄本島とほぼ同じ時期に繁殖期をもち、ちょうど種子島と奄美大島の間に、繁殖期が逆転する境界が存在する。同様の現象は、同じ潮間帯でも、干潟でなく転石海岸に生息するヒライソガニでも知られている。本種は、北海道[19]、千葉[20]、和歌山[21]では、いずれも夏期が抱卵雌出現の中心であるのに対して、沖縄本島[22]やホンコン[23]では、冬期がその中心となる。このように温帯から亜熱帯にかけて広く分布する種では、繁殖期は、緯度に伴って連続的に変異するのではなく、温帯と亜熱帯のほぼ境界域を境にして、まったく逆の時期に転移するという特徴をもっている。

日本の本州、四国、九州といった温帯域に分布するスナガニ類は、これまで調べられたシオマネキ[24]、ハクセンシオマネキ[25]、コメツキガニ[3]、チゴガニ[3]、ヤマトオサガニ[25]、ヒメヤマトオサガニ[18]のいずれも六〜八月に繁殖のピークをもつという特徴をもち、同じことは、アメリカ沿岸の温帯域に分布するシオマネキ類でも知られている。[26] ところが、同じ温帯域でも、朝鮮半島から北部中国の沿岸に分布するチゴガニ属の一種 *Ilyoplax dentimerosa* では、抱卵雌出現期の四月から八月までのうち、春期の四月にその割合が極端に高くなるということがわかっている。[27] 本種とほぼ同じ地理的分布をもつ同属の *Ilyoplax pingi* の抱卵雌出現期は、五月から八月までで、そのピークは八月であり[27]、これは他の温帯種と同じ傾向を示している。雄の求愛行動もウェイビングも、*Ilyoplax pingi* では、日本の温帯種同様、秋期には見られなくなるのに対し、*Ilyoplax dentimerosa* では、むしろ頻繁に見られるという違いが認められる。[27] つまり *Ilyoplax dentimerosa* は、温帯域のスナガニ類のもつ繁殖期の特徴とは異なるユニークな繁殖期をもっているといえる。その理由としては、本種の生息場所の特徴が関係しているものと考えられる。日本のチゴガニや同属の *Ilyoplax pingi* などは、潮間帯の中部から上部にかけて分布するのに対し、本種は、むしろそれより上位の、小潮時では満潮時でも冠水しないレベルで、かつ水はけのよい固い底質のところに分布する。おそらくこのような条件の場所では、夏期の高温と乾燥が抱卵雌の卵に与えるストレスが大きいため、それを避ける意味で、春期に主に抱卵するよう生活史を進化させてきたものと推察される。*Ilyoplax dentimerosa* は、卵の大きさ（容積）も、*Ilyoplax pingi* や日本産のチゴガニ、コメツキガニ、そしてヤマトオサガニの約二倍になるという特異性を示すが[27]、この卵サイズの大型化も、乾燥や高温下への適応とみなすことができよう。

3　繁殖努力と住み場所の安定性

干潟が発達する河口域は、潮の干満とともに陸水の影響を受ける。陸水の影響は、河口から上流に向かうにつれて強くなり、それがそこで生活する生物の生活史の特性にも反映されるはずである。河口域の潮間帯が砂や泥でなく、転石地になるところを取り上げ、その転石下に生息するカニ類の生活史特性を、下流—上流といった環境の違いと結び付けて検討した研究[28]を紹介する。和歌山県南部に流れる富田川の河口域の転石地（図44）には、イワガニ科三種（ケフサイソガニ・タイワンヒライソモドキ（図45）・ヒメヒライソモドキ）と、スナガニ科一種（トンダカワスナガニ（図46））が生息する。多くのスナガニ類が、砂や泥のところを住み場所にしている中で、転石下に住むトンダカワスナガニは特異であ

図 44　和歌山県富田川河口域の転石地.

る。これら四種の分布の中心は、トンダカワスナガニが最も上流で、残り三種がこれより下流に片寄る。トンダカワスナガニの分布する地点は、それより下流域に比べて、塩分濃度の低下が激しく、また流速が速いため、住み場所にしている転石そのものが動かされやすいという環境特性が予測される。転石が動かされやすいということは、かれらの生息場所そのものの不安定性を意味する。一般に生息場所が不安定な生物は、個体群が一時的に絶滅しやすいため、できるだけ個体群の増殖率が大きくなるように生活史特性を進化させていると理論的に考えられている。トンダカワスナガニの分布する地域の転石がそれより下流よりも不安定であるのか、そしてそれによってトンダカワスナガニは他の三種に比べて、個体群の増殖率を大きくするような生活史の特徴をもっているのか

図45　タイワンヒライソモドキ *Ptychognathus ishii*. 甲長：1.1cm まで. 分布：和歌山県以南から沖縄.

が調べられた。

　転石の動きは、一年間、一定地域内の転石を写真撮影して追跡された。それによると、トンダカワスナガニの生息地の転石は、それより下流よりも、雨量の多い三〜七月の期間に明らかによく動くことがわかった。繁殖特性は、トンダカワスナガニは、他の三種に比べ、卵サイズが大きく、反対に一腹卵数は少なくなること、繁殖期と年間の産卵回数は、ともにトンダカワスナガニが他の三種よりも大きくなることが明らかとなった。これをもとに、年間の繁殖努力を、雌の体重当たりの卵重量に年間の産卵回数を掛けて求めると、その値は、やはりトンダカワスナガニで最も大きくなった。一方、年間の死亡率を毎月の生息密度の減少率から推定すると、これもトンダカワスナガニで最も高くなった。結

図 46　トンダカワスナガニ *Deiratonotus tondensis*. 甲長：0.7cm まで. 分布：和歌山県.

局予測通り、住み場所にしている石がより不安定な上流域に分布するトンダカワスナガニは、死亡率が、下流域に分布する種に比べて高く、そのような状況下で個体群を維持するために繁殖努力を他の種に比べて高くしていることが示されたのである。

第四章◎社会行動

1　なわばりと順位

個体が他個体に対して防衛する空間をなわばりという。干潟の底生動物の中で、なわばりが明瞭に認められるものといえば、スナガニ科のカニ類である。スナガニ類では、野外で他個体に対する防衛行動が明らかに見られる。しかし、スナガニ類以外の底生動物でも、野外での直接的な防衛行動の観察はなくとも、なわばりの存在が示唆されているものがある。イギリスの砂質干潟に生息するニッコウガイ科の二枚貝、*Tellina tenuis* では、個体の分布様式から、なわばりの存在が示されている(1)。野外における本種集団の分布は均等分布を成し、二個体が〇・六インチ以下の距離になることはまったくな

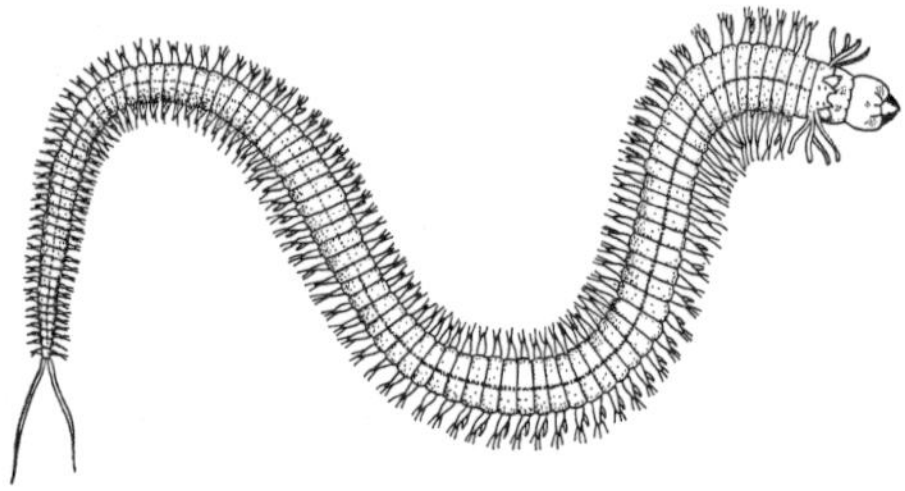

図47　多毛類ゴカイ科の *Nereis diversicolor*．体長10cm．（文献2より）

い。成貝を干潟に一定密度で導入して、一定期間後、個体の分布をみても、個体間に一定の距離が保たれる間おきが認められるという。多毛類においては、イギリスの干潟で知られるゴカイ科の *Nereis diversicolor*（図47）で、飼育下で、すみかをめぐっての個体間のたたかいが観察されており[3]、各個体が自分自身の棲管を防衛するなわばり行動が野外でもあることが推察される。

スナガニ科のカニ類では、巣穴とその周辺がなわばりになっている。巣穴はかくれがであり、その周囲は餌や配偶相手を得る場所になる。それをなわばりとして防衛するが、それも相手によっては防衛できないこともある。通常相手の体サイズが自分より大きい場合、防衛することはできない。そこには、体サイズに基づいた優劣の関係――順位がみられる。なわばりは、どの個体ももつとは限らない。巣穴をもたない放浪個体は、なわばりをもたないし、稚ガニは、他個体に対する防衛行動を示すことがない。特にチゴガニの稚ガニでは、自分の巣穴をもたず、他の大型個体の巣穴に寄居するものが多く、巣穴の持ち主である大型個体とは場所をめぐって争うことはない。チゴガニで、なわばりをもつようになる体サイズは、ちょうど他個体の巣穴に寄居する体サイズを越す甲幅約三・五ミリメートルである。

なわばりを維持する手段、すなわちなわばり行動は、種によって異なるだけでなく、種内でも多様化が認められる。チゴガニ（図23）を例に、なわばり行動の多様性をまとめてみよう。チゴガニが他個体を追い払う攻撃行動には三種類あることがわかっている。[4] 一つは、相手にはさみ脚を上下させるウェイビングを向けるアグレッシブ・ウェイブ（aggressive wave）、もう一つは、はさみ脚を上げることなく相手に突進するアグレッシブ・ダッシュ（aggressive dash）、そして互いにはさみ脚で押し合ったり、つかみ合い、さらに相手を投げ倒すといった相互に攻撃行動が行われるケンカ（fighting）（図48）である。この三つのなわばり行動を、どの個体も同じように行うわけではない。アグレッシブ・ダッ

図 48　チゴガニ雄個体間のけんか.

シュは、小型個体から大型個体までの雄あるいは雌で、ほぼ似た頻度で見られるのに対し、アグレッシブ・ウェイブは、小型個体から大型個体までの主に雄でよく見られ、ケンカは、大型の雄に限られる。そして、これらのなわばり行動は、体サイズの大きい方の個体が、小さい方を後退させる結果を伴う。チゴガニでは、これら三つの直接的な攻撃行動に加え、次に紹介するような泥を使った間接的ななわばり行動が知られている。

2 巣穴ふさぎ

スナガニ類では、他個体の巣穴を泥や砂でふさぐという行動が、いくつかの種で知られている。シオマネキ属の一種、*Uca musica* では、相手個体を巣穴から追い出してからその巣穴をふさぐ行動が、なわばり維持として機能している。[5] チゴガニでは、近隣の他個体に、まず直接的な攻撃行動を仕掛け、相手が後退し、さらに自分の巣穴内に逃げ込むと、その巣穴口まで行ってその巣穴口を、周辺からかき集めた泥でふさぐ（図49）ことがよく見られる。[6] 巣穴をふさがれた方の個体は、ふさがれた後、五分以内に再び地上に現れることが多い。しかし中には、一〇分以上たっても地上に現れないものもある。このようにふさがれた方の個体が、長時間地上に現れなければ、この巣穴ふさぎは、近隣他個体の地

図49　チゴガニの，近隣他個体の巣穴に対する巣穴ふさぎ．

上活動を抑える効果があることになり、その点で、なわばり維持に寄与するものである。しかし巣穴をふさがれても、すぐに地上に現れる個体に対しては、なわばり維持の効果はないようにみえる。ところが、このふさがれた方の個体の地上活動域に注目すると、巣穴ふさぎの後、地上に現れてからの活動域が、ふさがれる前の活動域に比べて、ふさいだ方の個体から遠ざかるよう変化することが認められる（図50）。この変化は、巣穴ふさぎの前後の活動域が調べられた六例すべてで明らかであった。これに対して、相手個体を巣穴内へ追い込んだだけで、その後巣穴ふさぎが行われなかった場合には、追い込まれた個体が、その後地上に現れてからの活動域は、追い込まれる前の活動域に比べて、攻撃個体のいる方から遠ざかるように変化するのは、調べられた一七例中半分の八例しかな

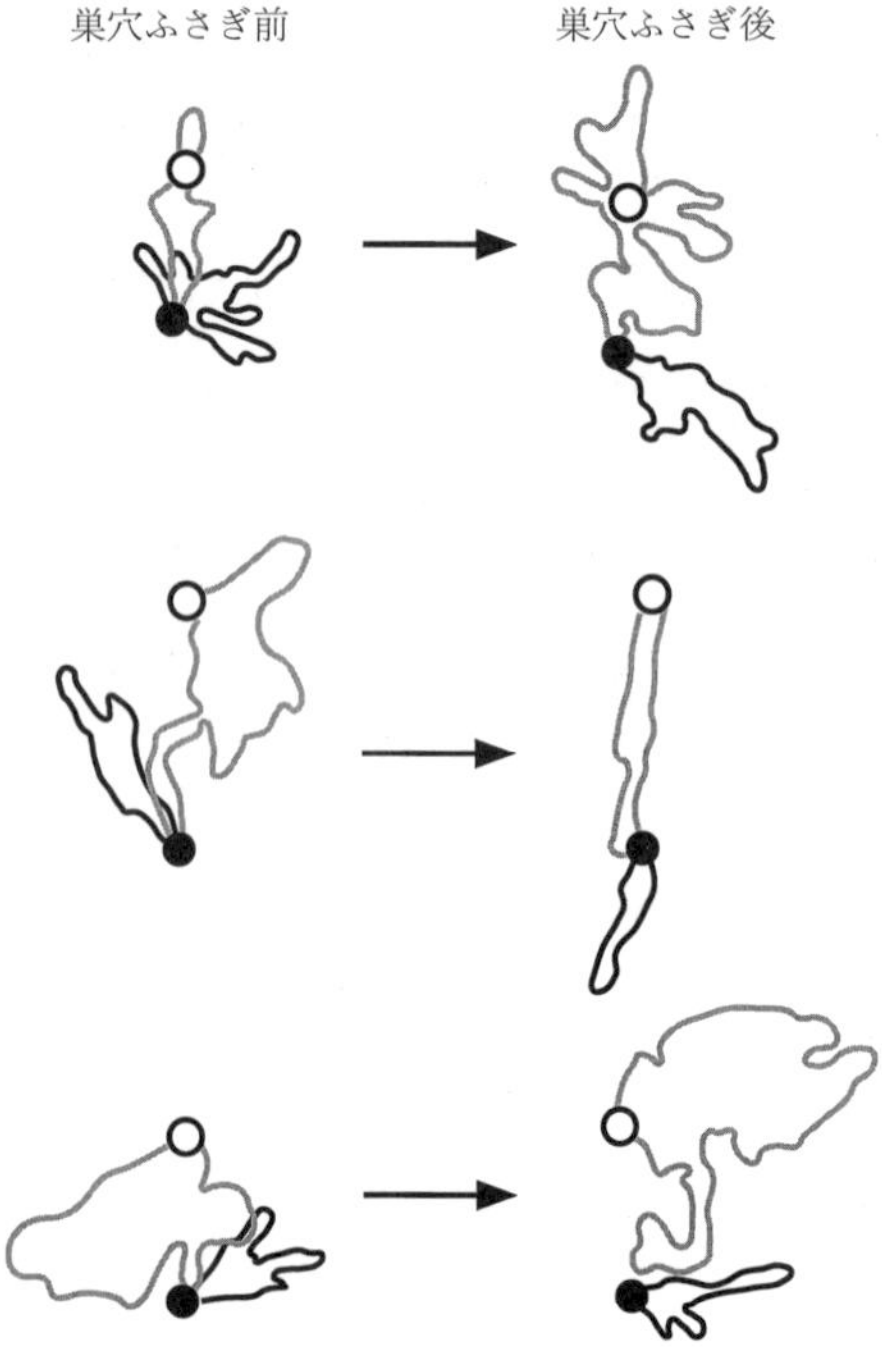

図 50　チゴガニの巣穴ふさぎ（3 例）の直前 5 分間，およびその後ふさがれた個体が地上に現れてから 5 分間の，ふさいだ方（灰線）とふさがれた方（黒線）の個体の活動域．白丸と黒丸は，それぞれふさいだ方とふさがれた方の個体の巣穴を示す．ふさがれた方の活動域は，巣穴ふさぎの後は，ふさがれる直前より，ふさいだ方から遠ざかるように変化しているのがわかる．（文献 6 より）

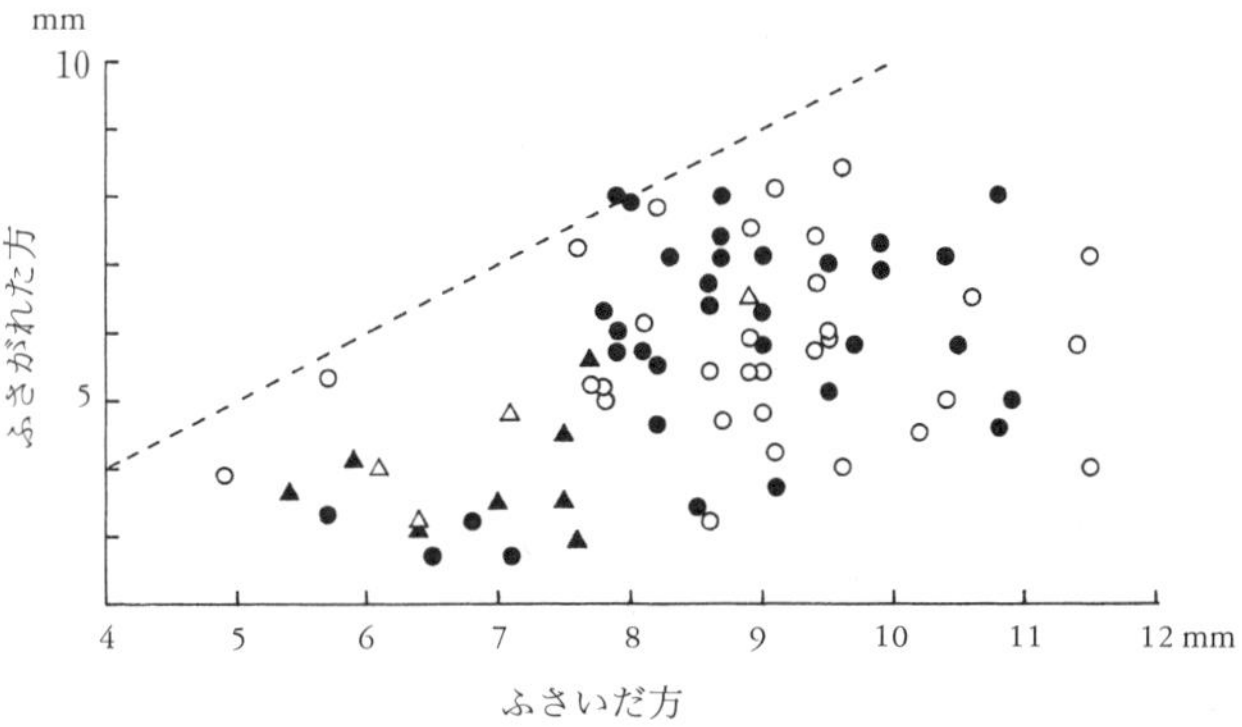

図51　チゴガニの巣穴ふさぎにおけるふさいだ方とふさがれた方の体サイズ（甲幅）の関係．黒丸は雄が雄に対して，白丸は雄が雌に対して，黒三角は雌が雄に対して，白三角は雌が雌に対して，それぞれ巣穴ふさぎを行った場合を示す．巣穴ふさぎは，甲幅5mm以上の，主として雄が，同サイズか，自分より小さい雄または雌に対して行っていることがわかる．（文献6より）

かった。以上の事実から、巣穴ふさぎは、ふさがれた方の個体が、すぐ地上に現れた場合でも、ふさいだ個体の方へ近づかなくなるという効果をもつことで巣穴ふさぎをする個体のなわばり維持に寄与しているといえる。この巣穴ふさぎは、チゴガニでは、甲幅五ミリメートル以上のおもに雄が、自分より大きくない雄または雌に対して行い（図51）、両者の巣穴間距離は一〜八センチメートル、平均約三センチメートルとなっている。巣穴ふさぎは、チゴガニと同属の *Ilyoplax pingi*(7)や *Ilyoplax ningpoensis*(8)でも見られるが、ふさがれた方の個体が地上活動域を変えるという効果は、これらの種では認められていない。

3　砂泥構築物によるなわばり防衛

スナガニ類には、干潟表面の砂泥や、巣穴内から掘り出した砂泥を塊上に積み上げた構築物を造る種がいることが知られているが、この構築物が、なわばり維持に関与していることを最初に示したのはズッカー（N. Zucker）の研究(9・10)である。彼女は、シオマネキ属の一種 *Uca musica* の雄が、自分の巣穴横に築くシェルターと称される構築物について、巣穴の中でシェルターをもつものの割合は、高密度域で高いこと、シェルターは、巣穴の周りの中で、最も近くで求愛行動を示す他の雄個体がいる方向に造られること、そしてシェルターをもっている雄個体のなわばり防衛行動は、シェルターの前面の方が後面よりも激しいことを明らかにし、これらのことからシェルターは、高密度下での雄間のなわばりの大きさを小さくすることで、なわばりの重複を少なくする手段になっているとした。さらに彼女は、この *Uca musica* ともう一種の *Uca latimanus* を使い、それらの造る構築物を除去すると、その集団内でのけんかの頻度が上昇するが、ふたたびこれを人為的に構築すると集団内のけんかの頻度は下がることを示した。すなわち、構築物の存在により、なわばりの重複が小さくなり、その結果、個体間のけんかが減るのである。

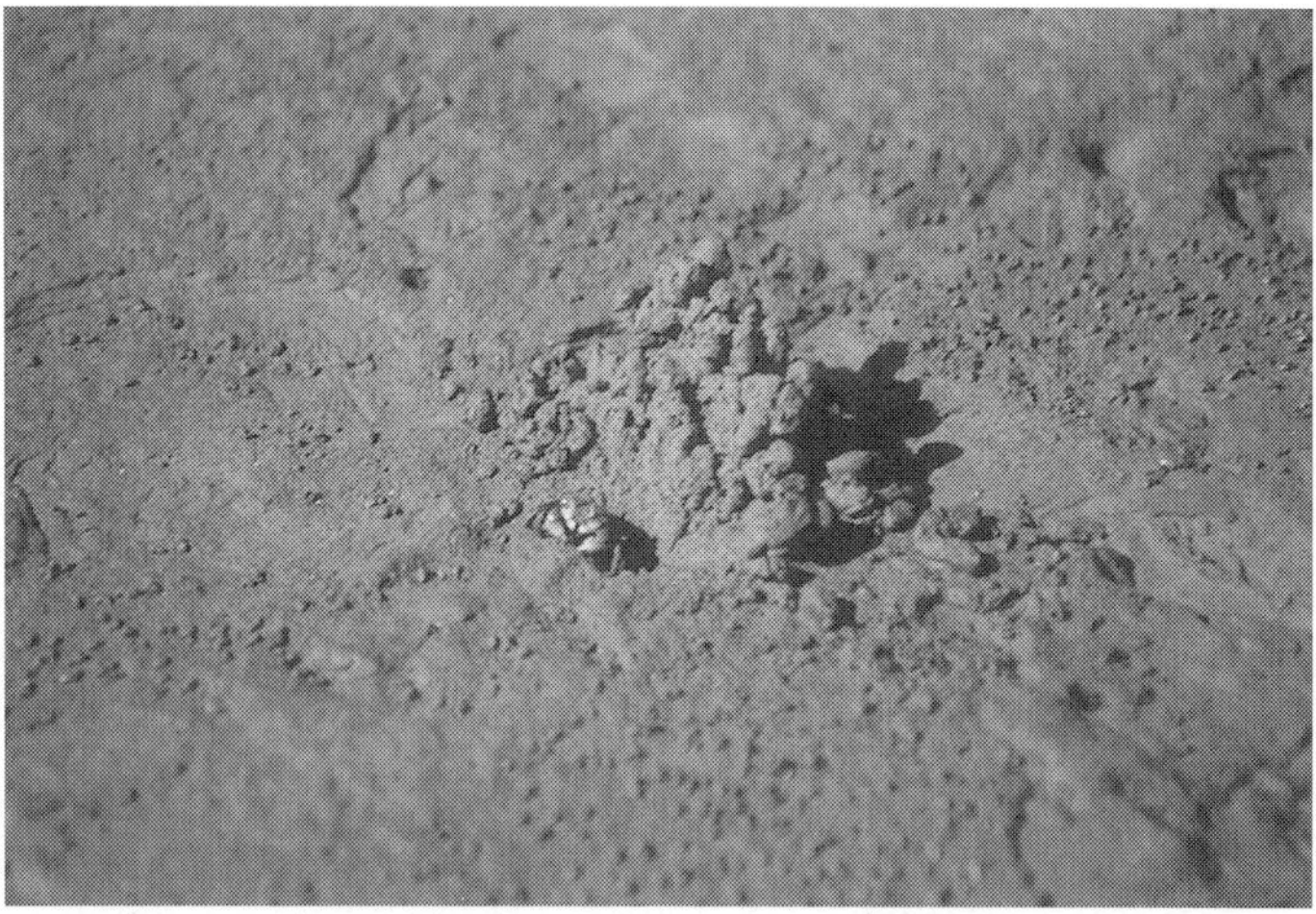

図 52　チゴガニ属の 1 種，*Ilyoplax pingi* が，自分の巣穴横に泥を積み上げて造るマウンド．

韓国西岸の泥干潟に分布するチゴガニ属の一種 *Ilyoplax pingi* も、巣穴から出した泥を巣穴横に塊状に積み上げる（図52）が、この構築物があると近隣個体の接近が抑えられることが、この構築物の除去実験から明らかにされた[11]。この構築物を造る個体は、地上での活動時間が短い傾向にあることもわかっている。地上活動時間の短い個体は、地上で巣穴を他個体から防衛する機会が少ないため、構築物で、巣穴の防衛力の低下を補償しているとみなせる。同じ巣穴防衛の機能をもつとみられる構築物として、シオマネキ類で知られる煙突状のチムニー（図53）がある。日本に分布する大型のシオマネキ類であるシオマネキでこのチムニーが見られるが、これを造る個体は、雄でも雌でも認められるものの、雌の方がその頻度が高い。チムニーのある巣

図53　シオマネキが，自分の巣穴口に泥を積み上げて造るチムニー．

穴と、チムニーのない巣穴に、それぞれ個体を放したところ、放たれた個体がその巣穴に入る頻度は、チムニーのある巣穴の方が、チムニーのない巣穴に比べて明らかに少なかった（村田未発表資料）。チムニーは、巣穴をもたない放浪個体に巣穴を奪われる確率を下げることで、巣穴の防衛に寄与していると考えられる。

ズッカーの調べた砂泥構築物は、巣穴所有個体が自分の巣穴横に積み上げたものであるが、チゴガニでは、他個体の巣穴横に砂泥を積み上げる行動が観察される（図54）[12]。この行動は、近隣の他個体に近づき、それに攻撃を仕掛けることから始まる。攻撃された方が自分の巣穴内に逃げ込むと、攻撃を仕掛けた方が、その巣穴周辺の砂泥をかき集め、それでその巣穴口に接して障壁を築く。この障壁は、築かれる個体の巣穴周囲のうち、築いた個体の巣穴のある方向に

図 54　チゴガニの雄が近隣個体の巣穴横に泥を積み上げて造るバリケード（矢印）.

築かれ、築かれた個体は、その障壁のある方での地上活動を控えることから、この障壁はバリケードと名付けられた。このバリケードの効果は、図55から明らかである。バリケード被構築個体の活動域は、バリケードのない方向へ、つまりバリケード構築個体の巣穴方向を避けるように片寄り、一方バリケードを除去された個体は、その活動域をバリケード構築個体の巣穴方向へ顕著に伸すのである。これより、バリケードがなわばり維持の機能を果たしていることが明らかである。チゴガニのバリケード構築は、巣穴ふさぎと同じように、大型の雄により、それと似た体サイズか、それより小さい雄または雌に対して行われている（図56）。また、バリケード構築個体と被構築個体の間での巣穴間距離は、二〜七センチメートルで、平均約四センチメートルとなっており、巣穴ふさぎよ

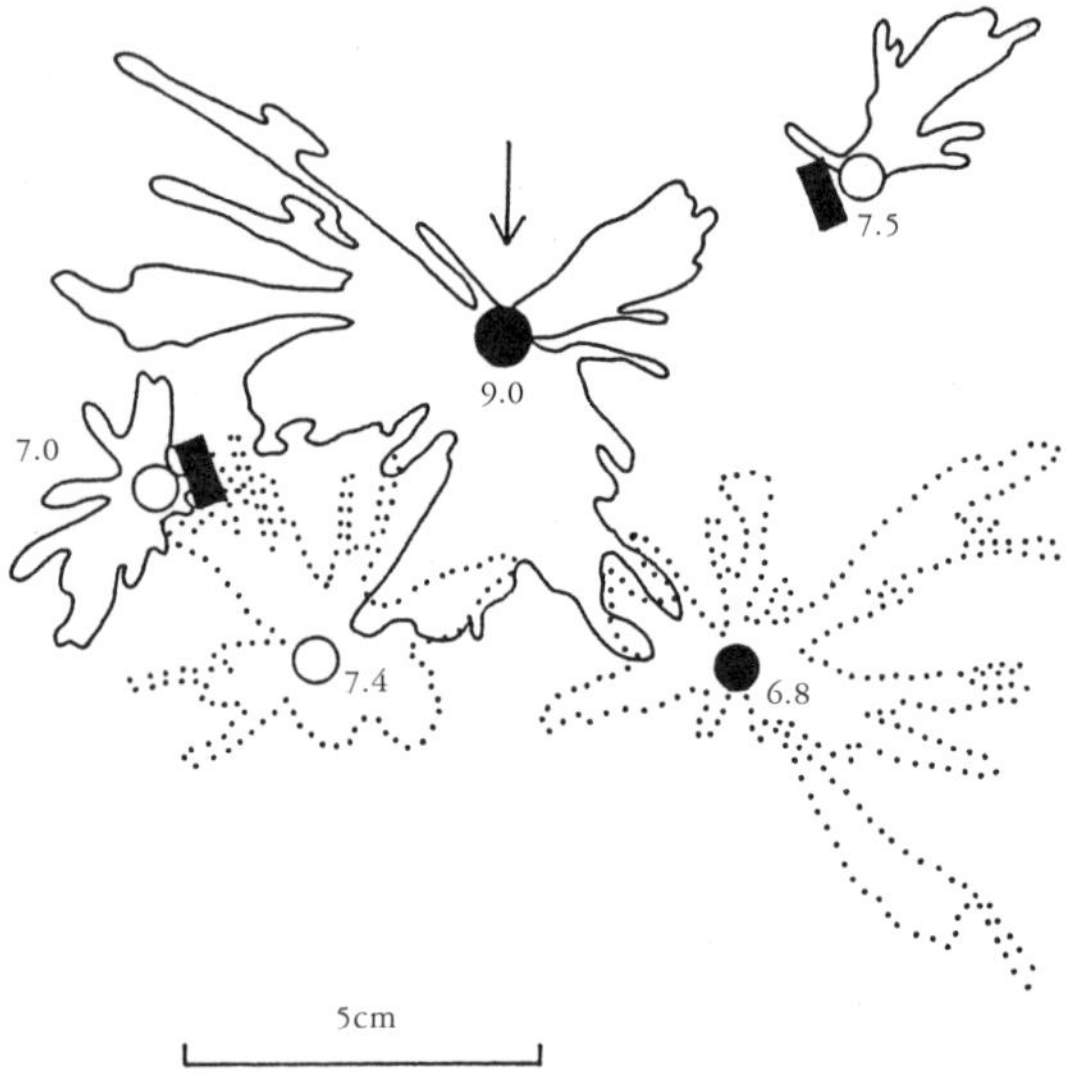

図 55　チゴガニの，バリケード構築個体（矢印で表示）とその近隣の被構築個体の約 1 時間の活動域．被構築個体のうち 2 個体は，バリケード（四角印）はそのままにしているのに対して，残りの 2 個体は除去している．数字は，各個体の甲幅（mm），丸印は巣穴（黒：雄，白：雌）を示す．バリケード被構築個体は，活動域がバリケードのない方，つまり構築個体の巣穴とは反対の方向に片寄るのに対し，バリケードを除去された個体の活動域は，バリケード構築個体の方へも伸びているのがわかる．（文献 12 より）

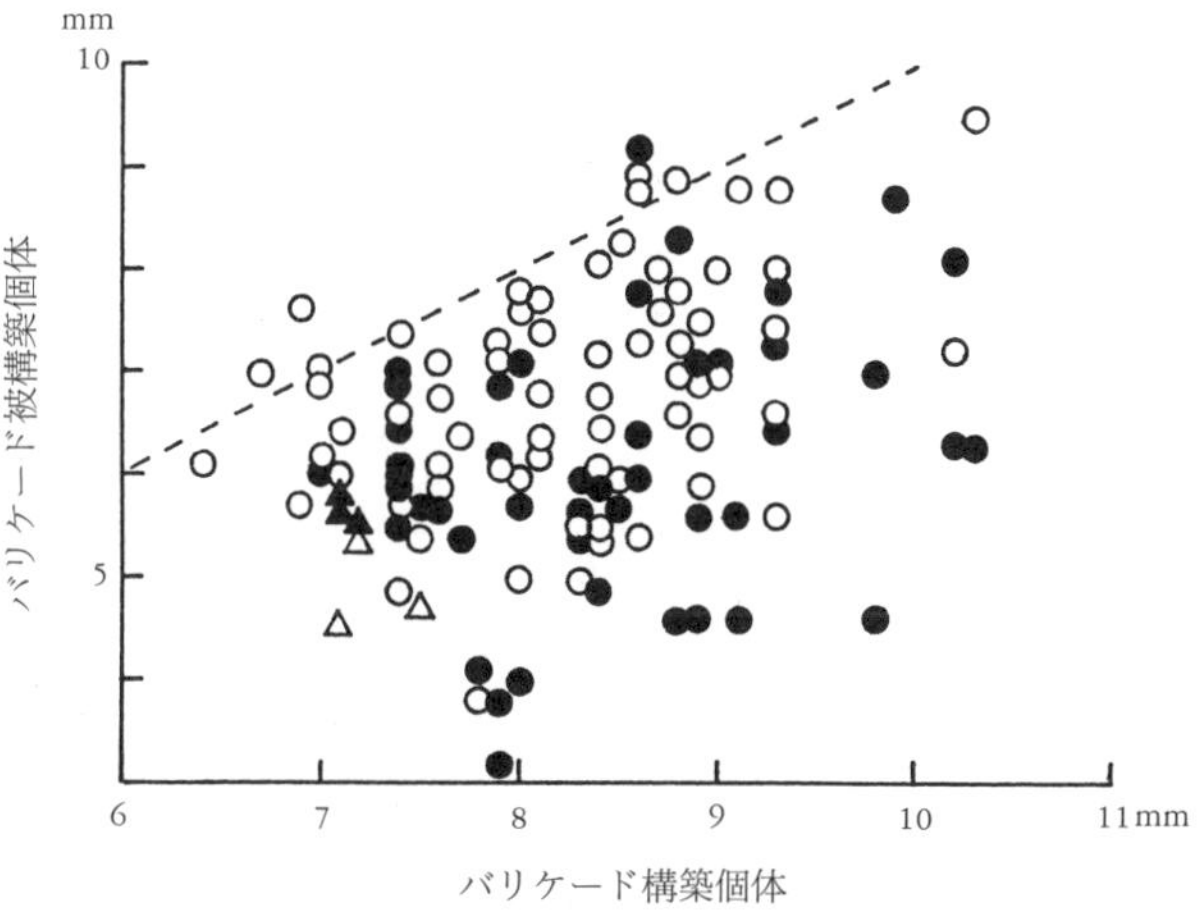

図 56　チゴガニの，バリケード構築個体と被構築個体の体サイズ（甲幅）の関係．黒丸は雄が雄に対して，白丸は雄が雌に対して，黒三角は雌が雄に対して，白三角は雌が雌に対して，それぞれバリケード構築をした場合を示す．バリケード構築は，甲幅 6mm より大型の，主として雄が，自分と似た体サイズか，自分より小さい雄または雌に対して行っていることがわかる．（文献 12 より）

りも平均値では一センチメートル長くなっている。バリケード構築によるなわばり防衛は、チゴガニ以外でも、同じチゴガニ属の *Ilyoplax dentimerosa*[13]と *Ilyoplax ningpoensis*[8]などで知られている。

バリケードに似た、泥の構築物を使ったなわばり行動に、さらにもう一つフェンスと称されるものがある[13]。これは、チゴガニと同属で、韓国から北部中国に分布する *Ilyoplax dentimerosa* でのみ知られている。それは、バリケードのように、近隣他個体の巣穴近くに砂泥を積み上げるが、バリケードのように相手個体の巣穴に接して造るのでなく、必ず少し離して造り、大きさはバリケード

図 57　チゴガニ属の 1 種，*Ilyoplax dentimerosa* が，近隣個体の巣穴近くに泥を積み上げて造るフェンス（矢印）．

よりも大きく立派である（図57）。このフェンスは、主として大型の雌個体が、自分と同サイズかそれよりも小さい他個体に対して造っており、これを造られた方の個体の活動域は、これとは反対の方向へ片寄ることが、バリケードの場合と同様に示されている。

〈閑話5〉

―バリケードの発見―

バリケード構築という奇妙な行動の発見は、私がチゴガニを材料に研究を始めて実に一〇年近くたってからであった。何の目的もなく、チゴガニのいる調査地に行った時に気付いたのであった。カニが、こんな手の込んだことをするわけがないという先入観があったからこそ、長い間気付かないままでいたのだろう。我々は、対象生物を知れば知るほど、それを見る目が固定的になってしまう。また、ある研究に入り込めば、それはその見方でしか、その生物を見ないことになってしまう。我々が目で見る世界では、視野の中にある特定のものだけを見ていることが多い。意識が強いほど、我々の目は一点に集中して、ほかのものはまったく見ていない。バリケードは、おそらく私がチゴガニを研究材料にした時から、私の視野の中に入っていたことは確かであろう。しかし、あるテーマに打ち込んでいた私は、バリケードがまったく目に入らなかったのだ。新しい生物現象の発見には、特定の見方に縛られない無の世界が必要であることを、バリケードの発見で認識させられた。研究を遂行し、完成させ、それを人に伝えるためには、どうしても研究対象に対する見方を明確にして進めなければならないことは事実である。しかし、一方で、その見方をことごとく無くして、生物を見るという姿勢もまた研究には必要であると思うのである。

4 個体間そうじ行動によるなわばり維持

チゴガニ類でみられた泥を使ったなわばり行動、すなわち巣穴ふさぎ、バリケード構築、フェンス構築は、すべて、特定の相手へのいやがらせであり、これによって相手が自発的に後退することを誘発させることで、自分のなわばりを維持している。これとは対照的に、相手がいやがることをするのでなく、相手が得することを相手に施すことで、自分のなわばりを維持しているカニがある。西南日本各地の干潟に普通のヒメヤマトオサガニがそれで、本種は、他個体の甲や歩脚に付いている泥を摂餌するそうじ行動を示す（図58）。このそうじ行動には二つのタイプが認められ、そのうちそうじ時間の長いタイプが、そうじする方の個体のなわばり維持に寄与していることが示された[14]。このそうじ行動は、主に自分と同サイズか、これに近い自分よりも大きい個体に対して行われている（図59）。ただし、する方とされる方の性の組み合わせに片寄りはない。このそうじ行動の前後の状況を詳しく見てみると、次のようなことが明らかになった。まず、そうじ行動の前には、それを行う方の個体に対して、される方の個体が攻撃を仕掛ける場合と、まったく攻撃を仕掛けない場合がある。攻撃があった場合、それに続いてそうじを受けた個体は、その後自分の巣穴へ戻る場合が、三一例中二一例（六七・七パーセント）で認められた。攻

図 58　ヒメヤマトオサガニにみられる個体間そうじ行動.

撃がない場合でも、そうじを受けた個体は、その後自分の巣穴へ戻る場合が、五一例中三八例(七四・五パーセント)で認められた。そして、そうじをした方の個体は、相手が自分の巣穴へ戻ることで、元いたところでの摂餌活動が続けられたのである。すなわち、小さい方の個体は、大きい方の個体の体をそうじすることで、相手に後退することを誘発させ、結果として自分の摂餌領域を確保しているといえる。

甲や歩脚に付着している泥を取り除いてもらうことは、体表上から不要物がなくなることで、受け手にとっては、得になるものとみなせる。相手が、得をすることを相手に施すことで、自分のなわばりが維持できるという実に巧妙ななわばり維持の戦術を、このカニはしていることになる。個体間そうじ行動は、ヒメヤマトオサガニの属するオサガニ亜科の種、例えばヤマト

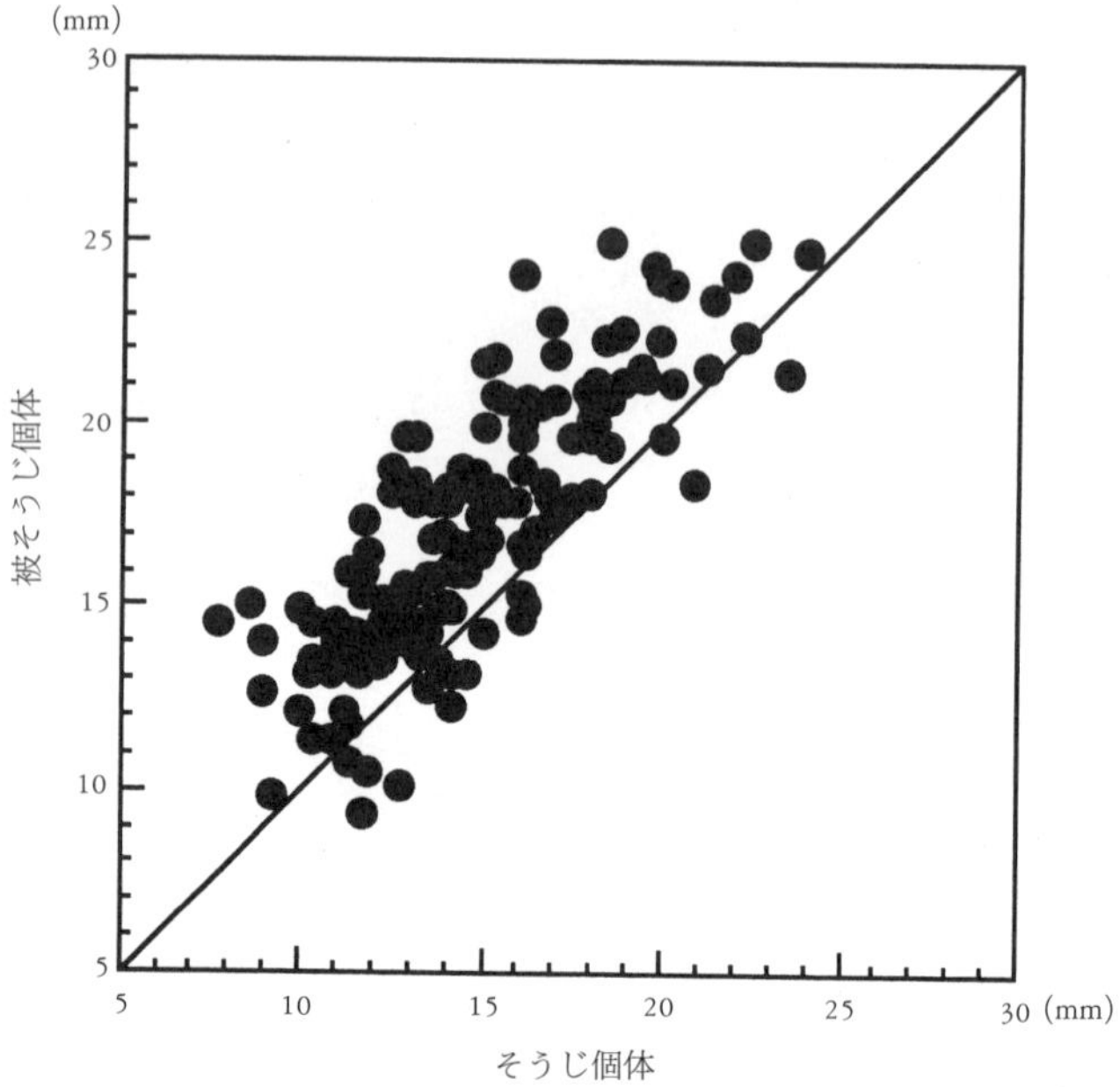

図 59　ヒメヤマトオサガニの個体間そうじ行動におけるそうじ個体と被そうじ個体の体サイズ（甲幅）の関係．そうじ個体は，被そうじ個体と似た体サイズか，それよりも小型であることがわかる．（文献 14 より）

オサガニ、オサガニ、フタハオサガニなどでも見られるが、これらの種でも同様の社会的機能をもつかどうかはまだわかっていない。はっきりしているのは、個体間そうじ行動は、生息場所の底質が泥質の種で見られ、砂質に生息する種では知られていないということである。砂よりも泥の方が体に付着しやすいことから、泥質に住む種に固有に発達した社会行動かもしれない。

5　なわばりの大きさ

チゴガニでは、すでに述べたように、様々ななわばり防衛の行動が見られる。すなわち、直接的な攻撃行動であるアグレッシブ・ダッシュ、アグレッシブ・ウェイブ、ケンカに加え、間接的な巣穴ふさぎとバリケード構築である。これらのなわばり行動は、どの個体にも一様に見られるのではなく、性、体サイズにより片寄りが認められ、雌よりも雄、とりわけ大型雄で頻繁かつ多様化している（表1）。

この防衛行動の多様化には、要求するなわばりの大きさが関わっているとみられる。言い換えれば、要求するなわばりが大きい程、それを防衛する手段が多様化すると考えられるが、果たしてチゴガニの場合、大型の雄のなわばりは、特に大きくなる傾向があるのであろうか。そこでまず、各個体が動き回っている範囲、すなわち行動圏を、性、体サイズと対応させて求めた[4]。具体的には、野外で、各個体が他個体との干渉がまったくない状態で活動している範囲を比較したところ、雄雌とも体サイズの増加に伴って、その活動範囲は大きくなり、雌雄間では違いはなかった（図60）。

次に、各個体の防衛する範囲、すなわちなわばりの大きさを、次のような方法で求めた[4]。死んだ雄

表1　チゴガニにおけるなわばり行動のレパートリーとその頻度

	アグレッシブダッシュ	アグレッシブウェイブ	ケンカ	巣穴ふさぎ	バリケード構築
雌	＋＋	＋	−	＋	＋
小型雄	＋＋	＋＋	−	＋	＋
大型雄	＋＋	＋＋	＋＋	＋＋	＋＋

＋＋：普通，＋：少ない，−：みられず．雌よりも雄とくに大型雄で，レパートリーも頻度も多くなっている．

個体を針金の先に固定し、これをモデルとして実験対象個体に近づける。対象個体がモデルに対して、これを追い払うように近づいたら、徐々にモデルを遠ざけ、対象個体の動きが止まった時のモデルの位置と対象個体の巣穴との距離を、その対象個体の防衛距離、つまりなわばりの大きさとした。このようにして求めたなわばりの大きさは、雌雄とも体サイズの増加に伴って大きくなるが、同サイズの雌雄間では、雌よりも雄の方が大きくなる傾向が認められた（図61）。以上より、行動圏は、雄雌とも体サイズの増加に伴って大きくなり、体サイズが同じ雌雄間で差はないが、なわばりは、体サイズの増加に伴って大きくなり、体サイズが同じ雌雄間では、雄の方が大きいという空間利用の特性をもっていることになる。大型雄でなわばり行動が最も発達しているのは、このように空間の要求度が最も高いためと理解できるのである。

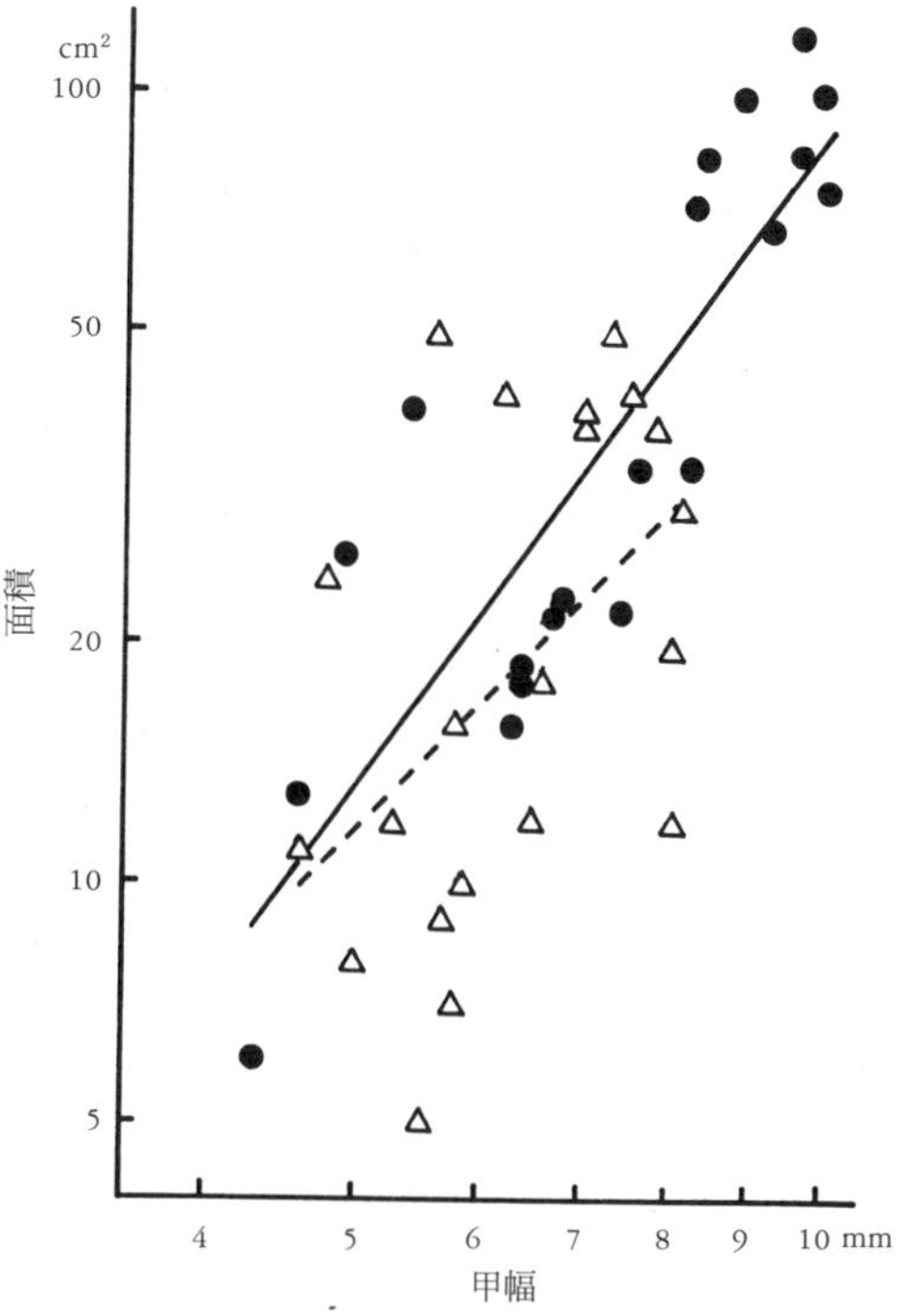

図 60　チゴガニの雄（丸），雌（三角）の，体サイズ（甲幅）と，他個体との干渉がない 35 分間の活動域の面積の関係．実線，破線は，それぞれ雄と雌の回帰直線を示す．活動域の面積と体サイズは，雄雌とも有意に相関し，その面積は雄雌間で有意な違いはない．（文献 4 より）

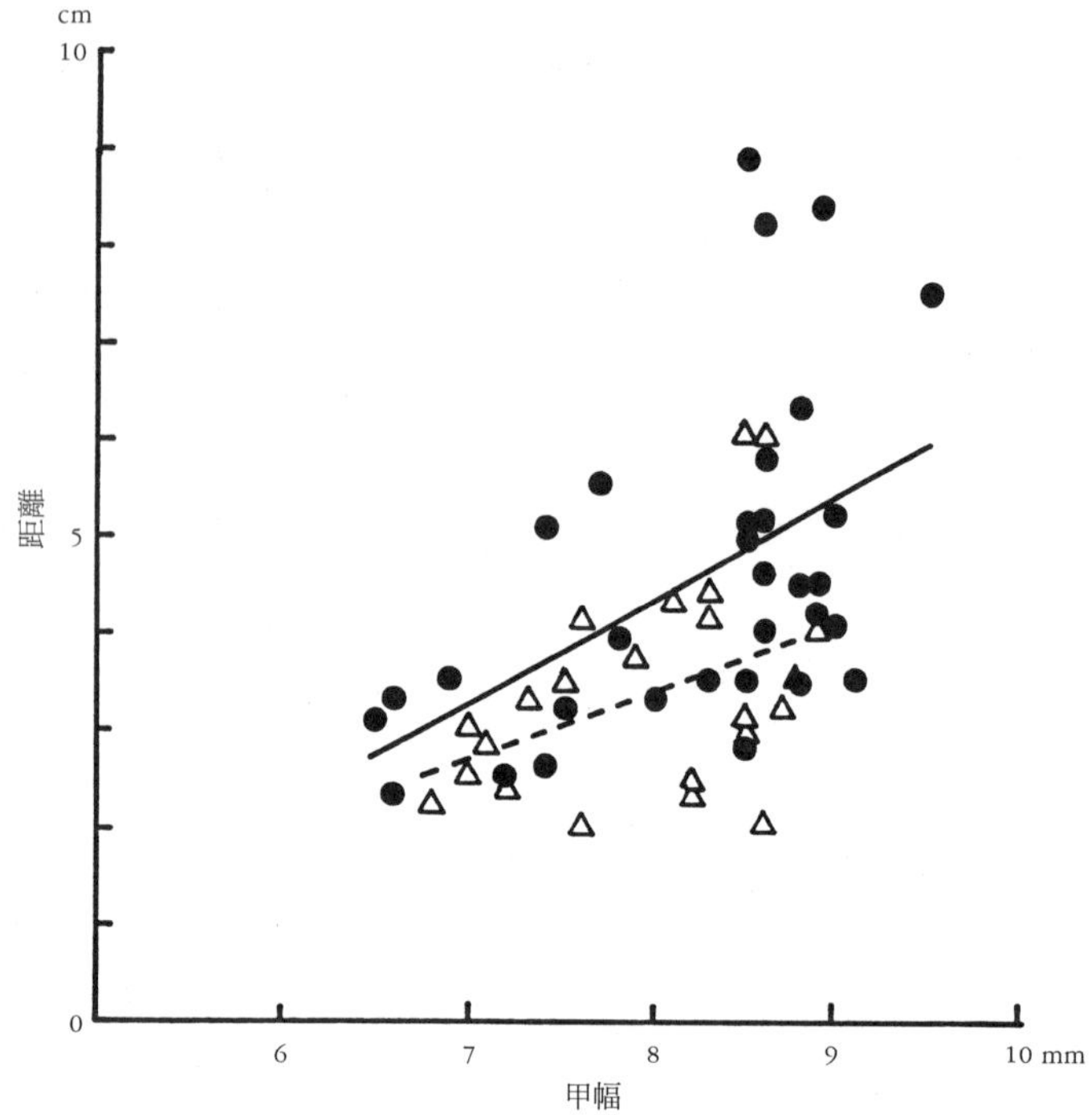

図 61　チゴガニの雄（丸），雌（三角）の，体サイズ（甲幅）と，甲幅 7-9mm のモデルに対して示した防衛距離との関係．実線，破線は，それぞれ雄と雌の回帰直線を示す．防衛距離と体サイズは，雄雌とも有意に相関するが，防衛距離は，雄の方が雌よりも有意に大きい．（文献 4 より）

6 カニのダンス――ウェイビング

はさみ脚を中心とした全身のリズミカルな運動――ウェイビング（waving）は、スナガニ科のカニ類に特徴的な行動である。ほとんどのスナガニ科の種が、この運動を行い、しかも種によって固有の動きをもっている。雄のはさみ脚が巨大化したシオマネキ類では、大きい方のはさみ脚を中心にした動きを示すので、当然動き方は、左右不相称となる。両方のはさみ脚が同じサイズのコメツキガニ亜科やオサガニ亜科では、両方のはさみ脚をほぼ左右相称になるように踊る（図62）ものがほとんどである。ところが、チゴガニ属の *Ilyoplax tansuiensis* と *Ilyoplax orientalis* の二種は、面白いことに同サイズのはさみ脚をわざわざ不相称に振り回すウェイビングをする（図63）。

このスナガニ類にみられるウェイビングの様式を最初に類別したのは、クレイン（J. Crane）[15]である。彼女は、シオマネキ類のウェイビングを取り上げ、それには、巨大はさみ脚を単に上下に動かすタイプ（垂直型）と巨大はさみ脚を側方に拡げてから前方に戻るタイプ（側方型）の二つがあるとした（図64）。しかも、前者のタイプのウェイビングをする種は、額の幅が狭いのに対して、後者のタイプのウェイビングをする種は、反対に額が広いという形態上の特徴をもっていることが明らかにされた。例え

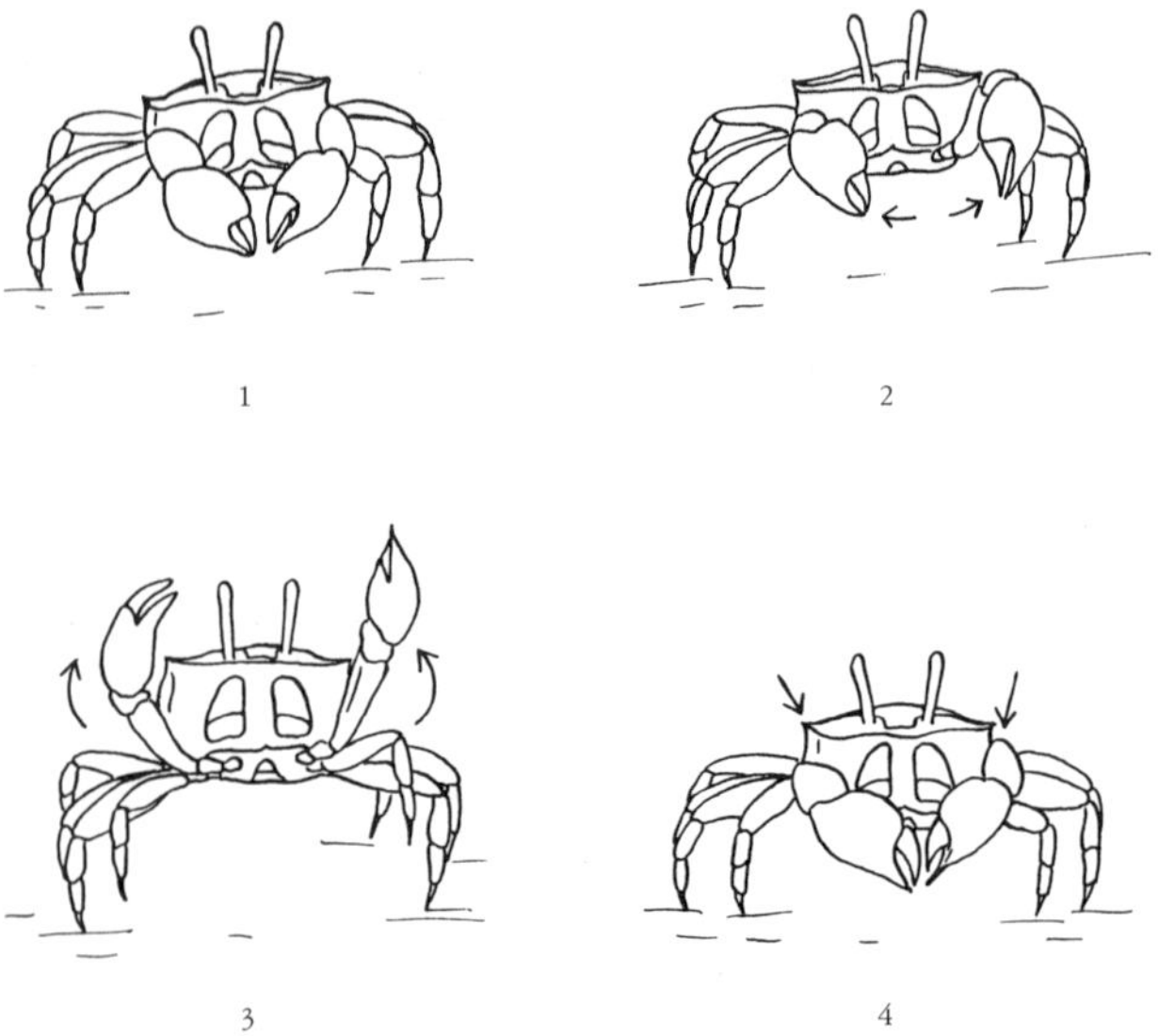

図 62　チゴガニのウェイビング.

ば、日本産のシオマネキは垂直型のウェイビングを、ハクセンシオマネキは側方型のウェイビングをする。日本に限らず、東南アジアからオーストラリアまでの西大平洋域のシオマネキ類を見ると、確かに、この二つに類別できることを実感する。ところが、シオマネキ類が世界で最も多様とされる中米を訪れると、垂直型とも側方型ともあてはまらないウェイビングをする種が結構いて、果たしてこの類別が正しいか疑問をもつようになる。はさみ脚を高く上に上げたままで、体を左右にスウィングさせる種や、はさみ脚を、側上方に急に上げ、そこでじっとしばらく体全体静止させ、その後また急にはさみ脚を下へおろすという奇妙な踊り方をする種まで見るのである。

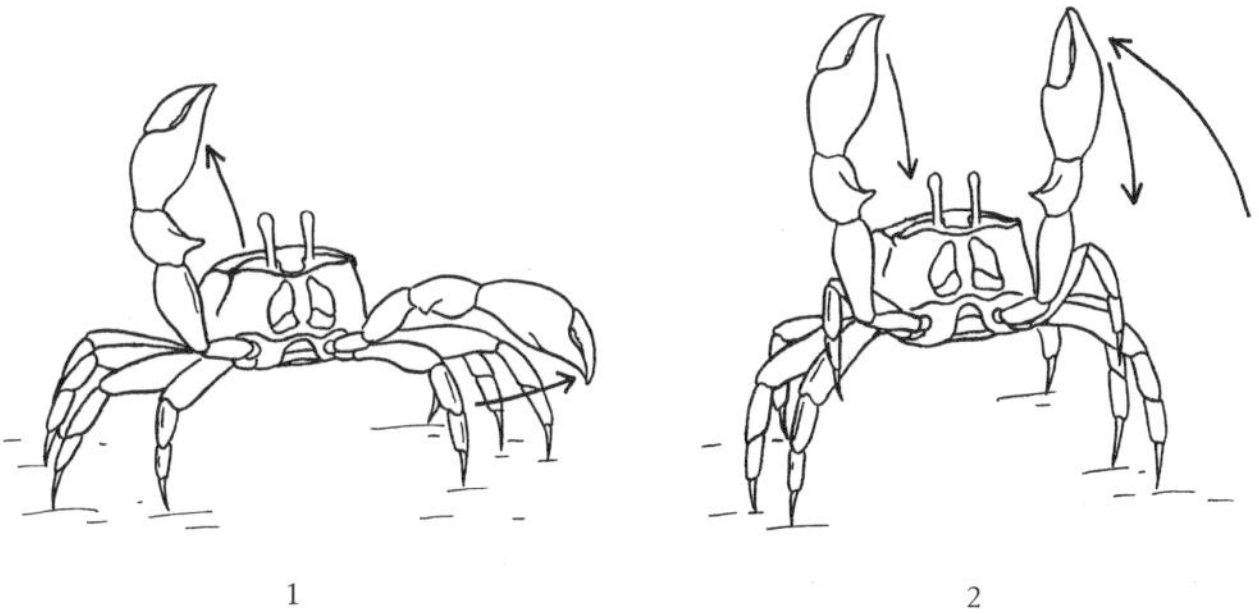

図63　チゴガニ属の1種，*Ilyoplax orientalis* の左右不相称のウェイビング．

一方、シオマネキ属以外のスナガニ科のグループで、そのウェイビングの様式が類別された研究はまだない。しかし私のこれまでの観察から、大体次のような類別が可能である。それは、一つは、はさみ脚を振り回すウェイビングで、コメツキガニ亜科の種ではこれが、外方より内方へはさみ脚を回す様式になっている（図62）のに対して、オサガニ亜科の種では内方から外方へはさみ脚を回す様式になっている（図65）。もう一つは、はさみ脚を上下に動かす様式で、これは、コメツキガニ亜科、オサガニ亜科ともに見られるということである。

ウェイビングは、ほとんどの種で、主に雄個体が、繁殖期に限って行う。しかも、雄の、雌への求愛時に激しくなることから、求愛行動の一つとみなされる場合が多い。求愛とは別に、他個体を排斥する時、ウェイビングをその相手に向けることがよくあることで、なわばり宣告の意味もあるようにみなされている。しかし他個体が近くにいない場合でも、特にどちらに向けるともなく、ウェイビングを行うことも多い。このような時のウェイビングが、どういう意味をもつのか、いまだに検討の

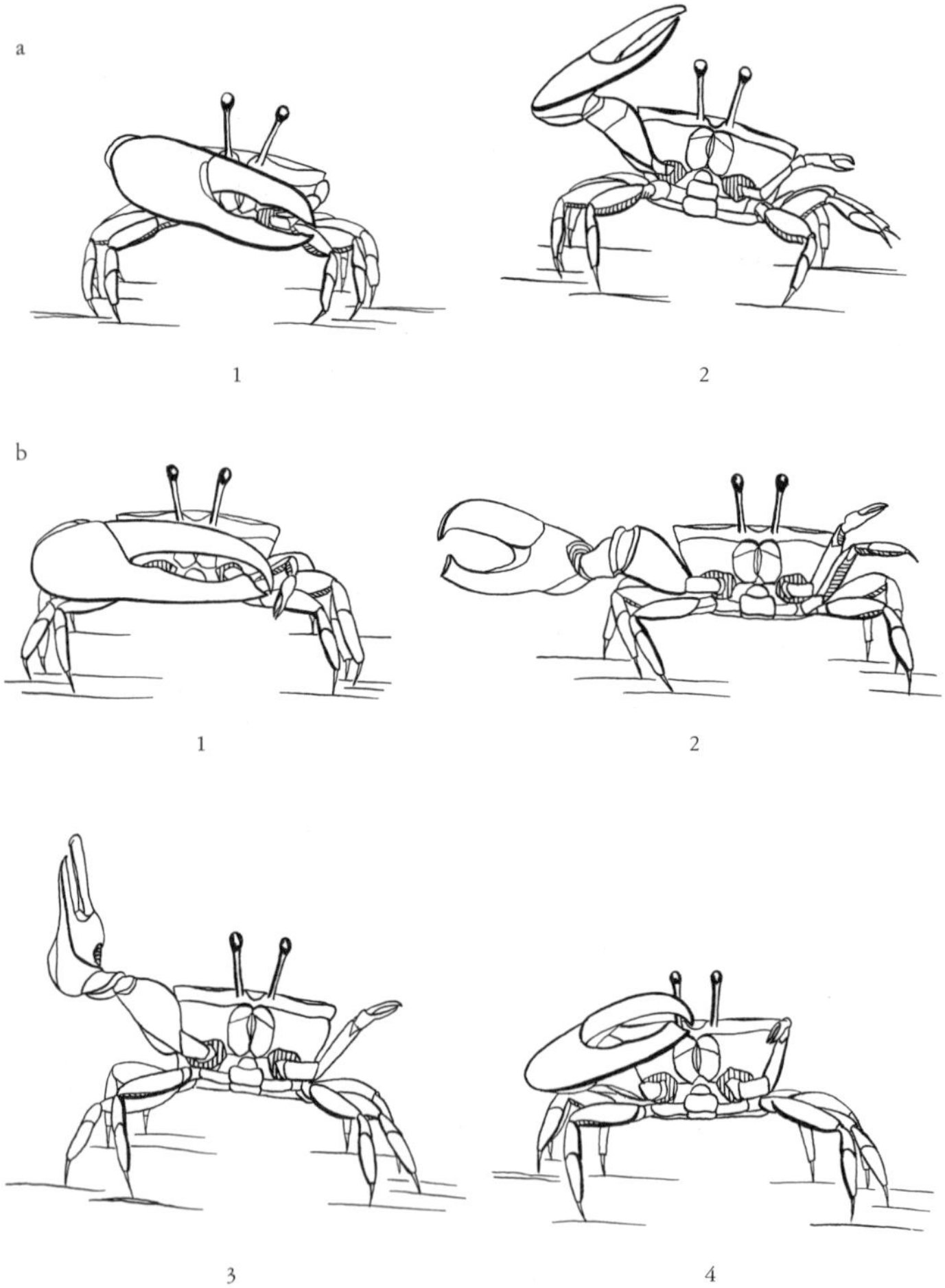

図 64　シオマネキ類のウェイビングにみられる垂直型（*Uca demani*, a）と側方型（オキナワハクセンシオマネキ，b）．（文献 15 より）

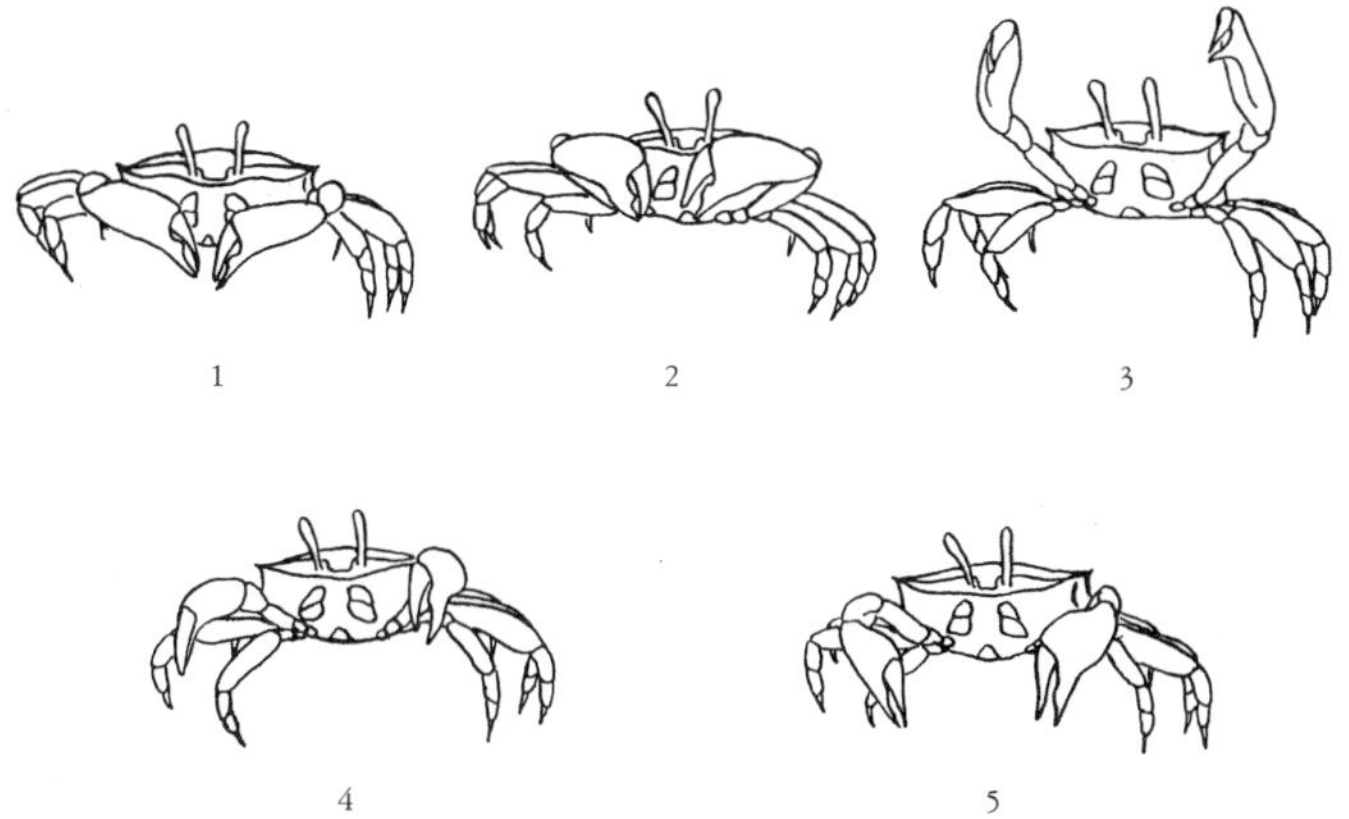

図65　ヒメヤマトオサガニのウェイビング.

メスは入れられてはいない。また、求愛時や他個体排斥時にまったくウェイビングが使われず、他個体とまったく干渉がない状況下でしか、ウェイビングを行わないという種も結構みられる。その一つがコメツキガニである。本種のウェイビングは、チゴガニと同じように、はさみ脚を外から上方に上げてからおろすパターンをとり(図66)、そのテンポは、あくびに似て、はさみ脚を上方へもってくるまでゆっくりで、それから急におろす。このウェイビングは、雄と雌がつがう前に使われることはない。本種のつがい形成は、雄の一方的な雌への追い回しと雌の捕獲によって決まる。捕獲した雌が、雄と同サイズかそれより大きい場合は、その場で交尾を行い、雄よりも雌が小さい場合は、雄は雌を自分の巣穴まで運び入れる。この一連の過程の中で、ウェイビングが行われることはないのである。それにもかかわらず、本種のウェイビングは、五月から八月までの繁殖期に限ってしか見られない。しかも、

図66　コメツキガニのウェイビング．

ウェイビングするのは、ほとんどが巣穴をもっている雄なのである。[16]

本種のこのようなウェイビングが、他個体とのコミュニケーション、例えば求愛として機能しているかは、雄のウェイビングが、他個体の存在によって変化するかを明らかにすることで、その手がかりが得られるであろう。干潟の本種生息地にケージを設置し、ウェイビングする体サイズの雄を個体識別して入れ、ケージ内にいる周りの個体をすべて雄にすると、個体識別された雄は、ほとんどウェイビングを示さない。ところが、その同じ雄を、周りが雌ばかりのケージに入れると、盛んにウェイビングを示すことが明らかにされた。[17] このことから、ウェイビングは、明らかに周りの個体への信号伝達の役割を担っているといえる。そして、周りが雌の時だけ、ウェイビングするというのは、周りの個体の性を明らかに判別し、かつその信号は、求愛の意味が強いことを示唆する。

雄が雌を獲得する戦術の中に、ウェイビングが入っていれば、それはよくわかることであるが、実際には、くり返して言うように、雄が雌を獲得する過程で、ウェイビングは見られない。可能性として、雄が雌を獲得する一連の行動に入る前に、できるだけ雌が自分の周りにいるように、ウェイビングで働き掛けているということが考えられる。しかし、本種の雄のウェイビングに対する雌の反応は、まだ詳しく調べられてはいない。そもそも、求愛時に、雄が明らかにウェイビングを雌に向けて行うシオマネキ類やチゴガニ類においても、その雄のウェイビングに対する雌の反応を詳細に解析した研究はない。つまり、このような種においても、雄のウェイビングによって、雌が、ほんとうに雄に近づきやすくなることは立証されてはいない。

雄のウェイビングが、雄にとって雌を得やすい状況をつくる機構として、これまで、二つの仮説が提唱されているので紹介しておこう。一つは、シオマネキ類では、垂直の構造物のあるところに逃避する傾向が強いことから、ウェイビングを、雌に対して、安全な逃避場所の目印として知らせ、それによって雌を近づけやすくしているというもの[18]。もう一つは、シオマネキ類では、眼の高さより高い位置に見える物体は、外敵として識別していることから、ウェイビングではさみ脚を、雌の眼の高さより上にもってくることで、雌に外敵のように見せて、雌の動きを止め、それによって雌を得やすくしているというものである[19]。

〈閑　話6〉

―ウェイビングから新種の発見―

特定の種とされているものの中に、ウェイビングの様式がまったく異なるものが存在することを発見し、これがきっかけになって別の種として新たに報告されたのがヒメヤマトオサガニである。ヤマトオサガニとヒメヤマトオサガニは、形態的にはよく似ており、私がウェイビングの違いを見つけるまでは、一つのヤマトオサガニなる種として扱われていた。スナガニ類の研究を始めた頃、私は、ヤマトオサガニのウェイビングは見て知っていたが、その後、あるところで、これとはまったく異なるウェイビングをしているヤマトオサガニの集団を知ることになる。そこで、ウェイビングのタイプで区別して、個体を採集し、その形態を比較したところ、いくつかの明瞭な違いが認められたのである。続いて、この二つのグループの間では、交配も不完全であることもわかり、まったく別の種として、一九八九年に報告した。新種としたのは、はさみ脚をふり回すばんざい型のウェイビングをする方で、これをヒメヤマトオサガニ *Macrophthalmus banzai* と命名したのであった。種は、形態だけでなく、行動や生態的特性において固有の特徴をもつものであることから、このように形態的には、同一の種として扱われているものの中から、形態以外の形質において違いが存在する種が新たに見い出されるという例は、近年非常に多くの分類群で知られるようになった。

7 発音

スナガニ科のカニ類の中で、スナガニ属とシオマネキ属でのみ、発音行動が知られている。発音には、はさみ脚を地面にたたきつけて出す方法と、体をこすり合わせて出す方法がある。砂浜上部に巣穴を掘って生活するスナガニは、繁殖期になると、雄は、はさみ脚と体を上下に振り上げてはおろすダンスをするが、ダンスの合間に、片方のはさみ脚を地面にたたきつけ、パタパタパタという音を出すのが観察できる。シオマネキ類では、これまで、大西洋に分布する種で、発音が知られていたが、最近、日本に分布するオキナワハクセンシオマネキでも、雄が巣穴内で、体をこすり合わせて発音することが確かめられている（村井私信）。

スナガニ類でみられる発音はすべて、繁殖期に雄が行うものばかりで、求愛行動の一つとして理解されている。シオマネキ属の *Uca tangeri*[20] や、*Uca pugilator*[21] では、求愛雄は、雌をウェイビングで呼び寄せて、かなり接近してから発音行動に切り替えるとされる。さらにこれらの種では、昼間の求愛行動は、ウェイビングと発音から成るのに対し、夜間は発音のみで求愛するという。

耳の役割を果たす、音を感知する器官は、カニの各歩脚の長節根元付近にあり[22]、これによって雌は、五〇センチメートルから一メートルも離れたところからでも音を感知するらしい。オシログラフでみた音声特性は、種によって異なっており、シオマネキ属の近縁二種 *Uca panacea* と *Uca pugilator* の間では、音声特性の違いが、両種の混生域では、単独分布域間で比べた場合よりも顕著になるという現象まで知られている[23]。このことから、種間の音声特性の違いは、種間交雑を回避する交尾前隔離機構の役割をもっていることが考えられる。異なる音声特性をもつ二種を掛けあわせて雑種をつくり、雑種の成体の出す音声を調べたところ、掛けあわせた二種の中間の特性を示すこともわかっている[24]。この結果は、種に固有の音声の特性は、学習によるものでなく、遺伝的なものであることを物語っている。

8 配偶戦術

スナガニ類では、雄と雌が、どのようなやり方をとって、つがいに至るかは、種によってまちまちであるが、大きく、地上で交尾を行うのと、巣穴の中で交尾を行う二つの様式に分けられ、しかも種によって、この両方を行うものと、片方しか行わないものがある。例えばチゴガニでは、地上交尾はまったく見られず、雄の巣穴内で交尾が行われる。これに対して、コメツキガニやハクセンシオマネキ、それにヤマトオサガニでは、地上交尾と巣穴内交尾の両方のやり方がとられる。

つがいに至るまでの一連の行動を、地上交尾と巣穴内交尾の両方をもつコメツキガニとハクセンシ

図67　ハクセンシオマネキの交尾．(文献25より)

オマネキを例に、もう少し詳しく見てみよう。コメツキガニでは、雄の雌への一方的な追い掛けから始まる。雌が雄に捕らえられると、続いて、雌が雄と似た体サイズか雄より大きい場合、その場で交尾が行われ、雌が雄より充分小さいと、雄は雌を両方のはさみ脚で抱えて、自分の巣穴まで運び入れる。雄が、雌を自分の巣穴に運び入れた後は、雄は、巣穴に入った後、砂で巣穴口を閉ざす。

コメツキガニの雄は、このように、雌に対して、かなり一方的に振る舞うのに対し、ハクセンシオマネキの雄は、もっと雌の反応に応じた振る舞いをして、つがい形成に至る。(25) 地上交尾の様式をとる場合、まず巣穴所有雄が、近くにいる巣穴所有雌に近づき、雌に向いている方の歩脚を伸して、雌にふれる。これに対して、雌は、一旦巣穴内へ後退する。続いて、雄は、巣穴内に歩脚を差し入れると、雌が出てきて、その場、つまり雌の巣穴口付近で交尾(図67)が行われる。交尾時間は、一分から八分位までで、平均約三分二四秒となっている。一方、巣穴内交尾の様式では、巣穴をもたない放浪雌に対する巣穴所有雄のウェイビング誇示から始まる。雌が雄のウェイビングに応じるように接近してくると、雄は、自分の巣穴へさっと身をかくす。すると、雌が続いて雄の巣穴に入り、これでつがいが形成される。その後、この巣穴は、雄により、入口が砂で閉ざされる。地上交尾のペアーは、交尾後、すぐに別れるが、巣穴内交尾のペアーは、一〜三日間同じ巣穴内で同居を続ける。[26] このペアーの別れは、ペアーが地上に初めて現れる時にくる。この時、雄は、その巣穴をすてて、放浪を始め、一方雌は、腹部に卵を抱いており、そのまま、その巣穴に残って抱卵を続ける。

地上交尾と巣穴内交尾の両様式間で、雄の交尾成功率を比較すると、地上交尾の方が高い。[27] しかし、地上交尾は、交尾中、他個体に邪魔されたり、捕食者に襲われる危険性を含んでおり、その点では、巣穴内で交尾する方が有利であろう。しかし、交尾成功だけ考えれば、雄が雌と一〜三日間も巣穴内で同居し続ける意味はない。問題は、雄が雌と別れる時、雌が必ず抱卵しているところにあるようだ。つまり、雄が雌と同居するのは、雌が抱卵するまでということになる。このことから、雄は、交尾後、自分の子を確実に残すために、雌を産卵まで守っていると解釈できる。それは、カニの場合、一般に、雌が複数の雄と交尾をした場合、一番最後の雄の精子が授精に有効だからである。このことは、ハクセンシオマネキでなく、コメツキガニで、古賀ら[28]により、明確に示されている。その検証法は、放射線を照射した不妊の雄と、正常の雄を、同じ雌に交尾させ、その雌が産んだ卵が正常に発育するかをみるのである。雌を、最初、不妊の雄と交尾させ、続いて正常の雄を交尾させると、その雌の産んだ卵は、一〇〇パーセント近く正常であったが、交尾順序をこの逆にすると、雌が産んだ卵のほとんどが正常に発育しなかったのである。これにより、二匹の雄が、同一の雌と交尾した場合、後に交尾した雄の精子のみが、授精に有効であることが明らかである。これは、二度目の交尾で送り込まれた精子により、最初の雄の精子が、貯精のうの奥に押し込まれ、授精が行われる位置から遠のくためとみられている。

9　だましの戦術

スナガニ類の配偶行動の中では、雄が雌に対して、にせの刺激を与え、それによって雌が求愛とは異なる状況（コンテクスト）下での反応をすることを利用して、雌獲得の確率を上げるという手の込んだ戦術をとることが、最近明らかになってきた。この求愛とは異なる状況というのは、外敵に襲われたかのようにだますもので、雄が放浪雌を自分の巣穴に導くのに使われるものである。それは、雄が、雌に対して外敵に襲われたように見せて、雌を自分の巣穴へ逃げ込ませるというものである。具体的には、雄は、一旦自分の巣穴から急に遠ざかり、はさみ脚を高く掲げてから雌の方向へ突進する。するとそれに反応して、雌は、雄の巣穴へ逃げ込むことがある。これは、ダッシュ・アウト・バック行動（dash-out-back display）と称され、シオマネキ属の *Uca pugilator* で知られているが[18]、チゴガニ属のチゴガニ[29]や *Ilyoplax pingi*（図68）、*Ilyoplax dentimerosa*[30]でも、雄が放浪雌に対してはさみ脚を上げたり、回した

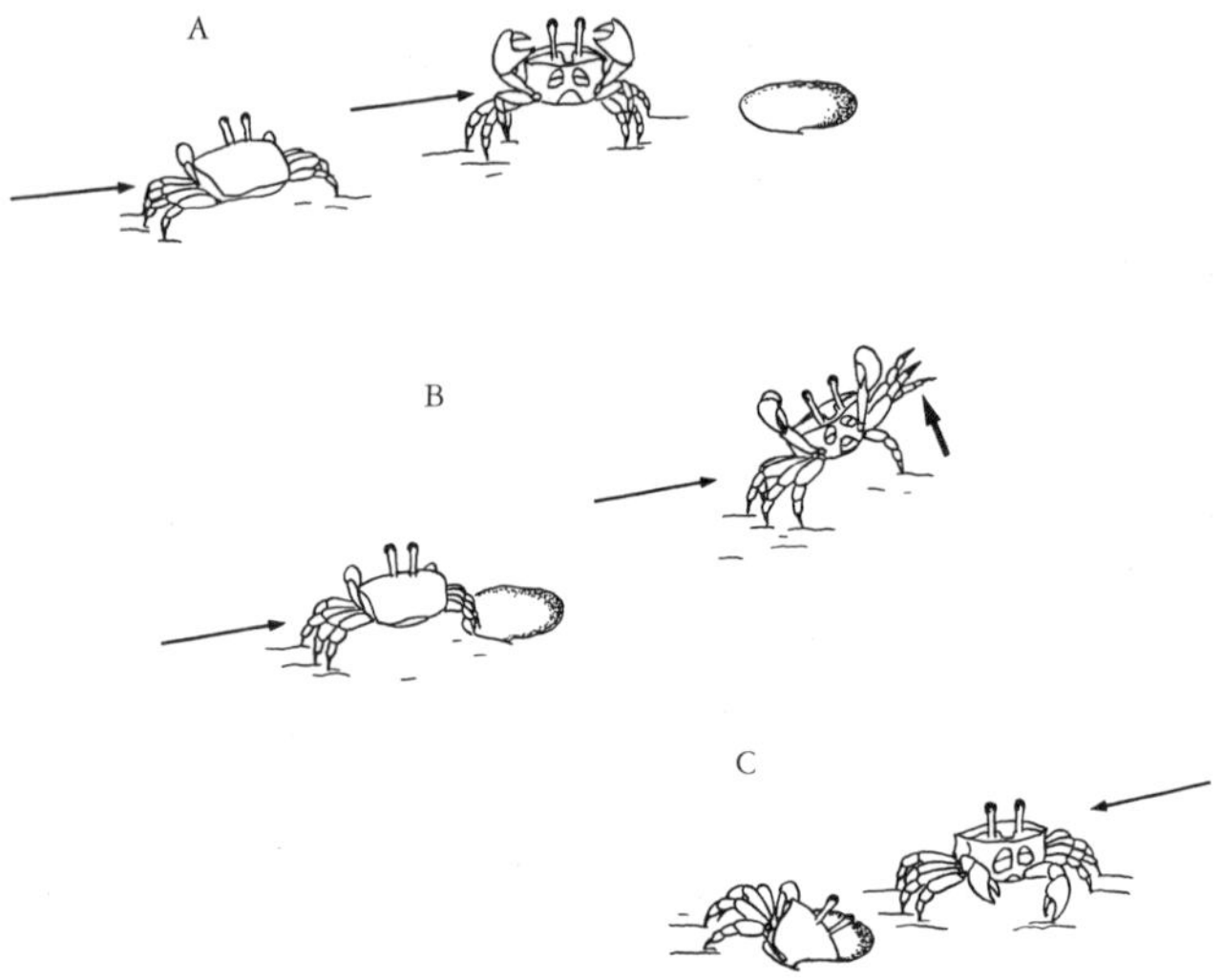

図68　チゴガニ属の1種，*Ilyoplax pingi* 雄にみられる雌獲得戦術．ウェイビングで雌を誘い，雌が雄の巣穴に近づくと (A)，雄は一旦自分の巣穴から遠ざかり，はさみ脚と片方の歩脚を高く揚げてから (B)，雌に突進すると雌は雄の巣穴へ入る (C)．

りした後で突進することが観察されている。

シオマネキ類の雄が、自分の巣穴入口近くに砂泥を塊状に積み上げる行動（図69、70）も、雄が雌を獲得する時のだましの手段となっているらしい。そのような解釈に至る根拠となる事実は、巣穴をもたない放浪雌に対して、外敵である鳥のモデルを近づけ、砂泥の構築物のある巣穴とない巣穴のどちらによく逃げ込むかを調べたクリスティ（J. Christy）[31]の実験結果である。この実験をもう少し具体的に説明すると、一匹の巣穴をもたない雌の周りに、一六個の巣穴を雌から等距離になるよう円状に、かつ互いに等間隔

図 69　シオマネキ属の 1 種，*Uca musica* の求愛雄が，巣穴横に砂を積み上げて造るフード (hood)．

図 70　シオマネキ属の 1 種，*Uca beebei* の求愛雄が，巣穴横に泥を積み上げて造る柱 (pillar)．

に配置する。この巣穴の一つおきに、砂泥構築物を付け、結局八個の巣穴は構築物をもち、残り八個の巣穴は構築物のないままにする。その雌の真上から、鳥のモデルを上から落下させることで、雌がどの巣穴に逃げ込むかを、何個体もの雌で試行するのである。その結果は、調べられた五種のシオマネキ類のいずれも、砂泥構築物のある巣穴に逃げ込む場合が多くなったのである。実際に野外で、この構築物をもつ雄ともたない雄との間で、雌の獲得率を比べると、それは、前者の方が高い[32]。雄は、雌が外敵から逃れる場所になる目印を提供して、雌獲得の確率を上げているといえる。

10　親子関係

海産無脊椎動物の多くは、浮遊幼生期をもつため、卵から孵化した幼生は、その場で、母親から離れて独立した生活に入るが、浮遊期をもたないものでは、幼生が親の体から離れても、しばらく親の近傍にいて、親の保護を受けるものがある。海藻上に付く甲殻類ヨコエビ目のワレカラ類では、幼体が母親の体に付いいたり、母親の近くに寄居したりして、母親により、外敵や他のワレカラ類から守られていることが、最近知られているが[33]、干潟に生息する底生動物の中では、ヨコエビ類で、親による子の保護が報告されている。

アメリカ東岸の河口域干潟に穴居しているヨコエビ類 *Leptocheirus pinguis*[34]と *Casco bigelowi*[35]は、幼体が母親と同じ巣穴に同居する。その長さは、*Leptocheirus pinguis* で四〇～六〇日、*Casco bigelowi* で八〇～一二〇日に及ぶという。[36] この二種の幼体が、母親と同居することが、実際に外敵からの保護に役立っているかを検証した実験がある。[37] 実験では、幼体を母親と一緒のままにしたものと、母親を除去して幼体だけにしたものに分け、それぞれのグループをさらに、捕食者であるエビジャコ類の一種を入れたものと入れないものに分け、一週間後の幼体の生存率をみたのである。*Leptocheirus pinguis* では、母親が一緒だと、幼体の生存率は、捕食者がいてもいなくても、高いまま維持されていたのに対し、母親がいないものでは、捕食者がいないと、生存率は高いままであるが、捕食者がいると生存率がかなり低下することが明らかとなり、母親との同居による被食回避の効果が検出された。ところが、*Casco bigelowi* では、捕食者のいるグループは、母親がいてもいなくても、同じように生存率は低下し、母親との同居による被食率低下は認められなかった。母親の幼体への世話の内容としては、外敵から守ることのほかに、母親による給餌、あるいは母親の摂餌活動が幼体にとって餌の食いやすさをつくり出すということが考えられる。しかし、これら二種のヨコエビ類では、幼体の摂餌における母親の手助けは確認されていない。もっとも、ヨコエビ類のほかの種では、すでに母親の幼体への給餌行動が知られている。[38]

アメリカのフロリダ東岸のマングローブ湿地では、マングローブの気根に穿孔して生活する等脚類コツブムシ科の *Sphaeroma terebrans* の幼体と母親が、最大で四〇日間同居することが知られている

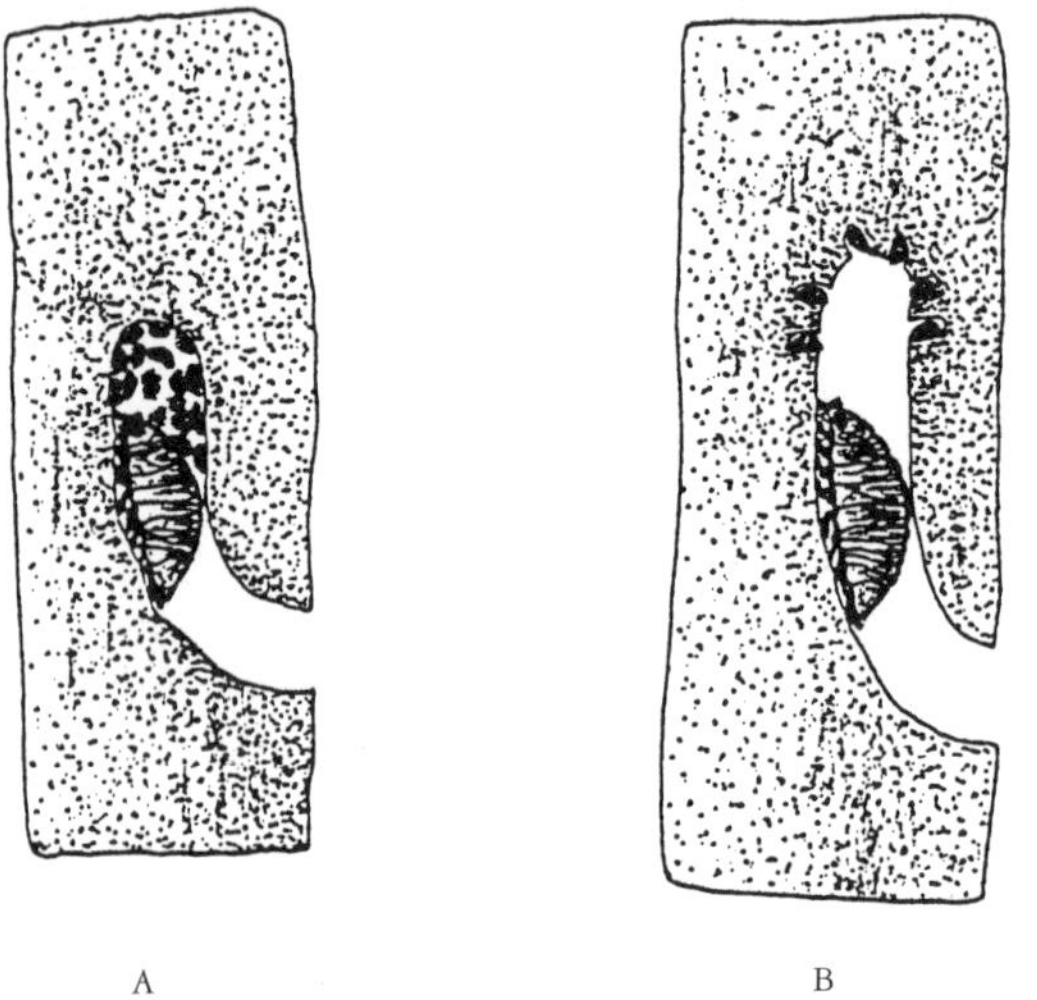

図 71　マングローブ気根に穴居する等脚類 *Sphaeroma terebrans* の母親と幼体の同居の様子. 幼体が若い段階 (A) と発育が進んだ段階 (B) が区別して示されている. (文献 39 より)

(図71)[39]が、日本でも、本種に近縁のイワホリコツブムシ(図14)で、幼体が最大で四ヶ月にわたり、母親と同居すると推定されている(村田未発表)。しかし、これらの等脚類では、幼体が母親との同居がなければ、生存率や成長率が悪くなるのかどうかについてはわかっていない。

第五章◎種間関係

1　捕　食

異種の生物間にみられる様々な関係の中から、まず食う―食われるの関係を干潟の生物でみていこう。干潟の底生動物を捕食するものには、同じ干潟上に常時生息しているものと、定期的に来遊して捕食するものがある。スナガニ類と同じところに巣穴をもっていて、コメツキガニやチゴガニを襲うイワガニ科のヒメアシハラガニは、前者の例である。ほかには、トビハゼ類やヒモムシ類が挙げられる。日本の温帯域の干潟に分布するトビハゼや有明海の干潟に限って分布するムツゴロウは、干潟表層のケイソウや有機物を餌にしているが、亜熱帯の沖縄に分布するミナミトビハゼは、スナガニ類や

図 72　パナマ太平洋側の干潟で観察されたヒモムシに襲われているシオマネキ属の1種, *Uca musica*. ヒモムシの吻がカニの体に巻き付き, カニは泡を吹いている.（文献1より）

昆虫類などを捕食する。

ヒモムシ類の捕食活動としては、筆者が韓国の干潟で、チゴガニ属の一種、*Ilyoplax dentimerosa* が、ヒモムシの一種に吸い付かれて弱っているのを何度か目撃している。パナマでは、シオマネキ類が、ヒモムシに襲われるのが報告されており[1]、筆者も実際にパナマでヒモムシに襲われるシオマネキの一種を見たので、その捕食活動を詳しく紹介しよう。ヒモムシは、地下直下に潜んでいて、シオマネキ属の一種（*Uca musica*）が、そこを通過する時、赤い吻を地上に発射して、カニの歩脚か巨大はさみ脚に付着させ、続いてその体に巻き付く（図72）。襲われた方のカニは、これによって体の動きが止まり、けいれんを起こして動けなくなる。次に、吻が一旦カニの体から離れ、続いてヒモムシの体前部がカニの体内に貫入し、五分もしないうちにカニは脱色して、一時間もすると体内の組織は、完全にヒモムシに吸収されてしまう。後は、脱皮殻を残すようにカニの死体が残る。ヒモムシに襲われるのは、いずれも成体サイズの雄か雌で、性比に片寄りはない。カニが攻撃を受けてから逃れることができたのは、全観察例のうち約半数であったという。

このほか、スナガニ科のカニ類が、通常は堆積物食者でありながら、ほかのスナガニ類を襲って捕食することがある。[2]

一方、干潟来遊型の捕食者には、干出時に捕食活動をする鳥やヘビ、サルといった陸上動物と冠水時に捕食活動をする魚類やガザミ科のカニ類が挙げられる。鳥類には、シギ、チドリやサギ類が、カニ類、貝類、ゴカイ類を餌にしているが、種によって違いがあり、例えば、チドリ類はゴカイを、ホウロクシギはスナガニ類を、ミヤコドリは貝類を、それぞれ好む。魚類の捕食者には、例えば沖縄のマングローブ湿地から、イワガニ類やスナガニ類を食べるフエダイ、フグ類などが知られる。[3]九州天草の干潟では、甲殻類異尾類のニホンスナモグリを捕食するミナミホタテウミヘビが玉置ら[4]により報告されている。それによると、ミナミホタテウミヘビが干潟で最も活発に活動するのは、主に夜間の満潮時であること、餌はほとんどがニホンスナモグリの大型個体であり、ウミヘビ一個体当たり、平均六〜七個体のニホンスナモグリが食べられているという。

陸上のヘビが、干潟上のシオマネキ類の巣穴に入り、これを捕食することが、マレーシアのマングローブ湿地で知られている。[5]同マングローブ湿地では、このほか、コモリグモ科のクモが、小型のスナガニ類を捕食することもあり、カニの死亡は、攻撃されて数秒で起こるという[5]。

捕食者による餌の選択を、シオマネキ類を捕食する鳥を使って詳細に調べた研究がある。一つは、シオマネキ属の一種 *Uca pugilator* の雄の巨大はさみ脚が、捕食者のシロトキの選択性に影響するかを、室内で調べたものである[6]。シロトキに、カニの雄と雌を同時に与えると、ほとんどが雌を選択した。次に、カニの雄から巨大はさみ脚を取り除いたものと、巨大はさみ脚をもったままのものを、シロトキに同時に与えると、ほとんどが巨大はさみ脚のない雄を選択した。つまり、雄の巨大はさみ脚の存在は、捕食者に餌としての価値を下げる効果をもっていて、捕食者は、この巨大はさみ脚のないカニを選択して捕食しているとみられる。

この選択性を野外で検証したのが、バックウェル（P. Backwell）ら[7]である。彼らは、二種のシオマネキ類、*Uca stenodactylus* と *Uca princeps* の雄、雌、稚ガニが、六種の鳥により、どの程度の頻度で捕食されているかを野外で調べ、その頻度を、シオマネキ類それぞれの種の雄、雌、稚ガニが、餌として利用できる程度と対照させることで、選択の有無を検討したのである。捕食者に対するカニの方の警戒は、種によって、また雄、雌、稚ガニの間で、さらに干出初期か干出後期かといった潮汐条件によっても異なる。そのため、捕食者がカニを餌として利用できる程度は、こういった各条件によって異なる。この餌として利用できる程度、すなわちカニの方の警戒度を、各条件ごとに、モデルの鳥をカニに近づけて、それに対してどれくらい地上に残るものがいるかで表したのである。これを、実際のカニの被食率と対照させたところ、大型の *Uca princeps* では、雄の被食率が低く、餌として避けられているが、小型種の *Uca stenodactylus* では、雄が避けられることなく、餌の方の有用度、つまり警戒度に応じて被食されていた。野外でも、大型のシオマネキ類の雄は、鳥の捕食を免れる傾向にあるといえる。

ところで、スナガニ類が鳥類に捕食されるのを見るのは、日本の沿岸では、それほど普通ではない。そもそも、干潟で鳥類を見ること自体、渡り鳥の渡来地として知られる地域の干潟を除けば、それほど多くはない。日本ばかりか、韓国、台湾、ベトナム、タイ、インドネシア、そしてオーストラリアと、私自身が、自分の目で見てきたこれら西大平洋地域での干潟では、どこでも鳥類の存在は希薄であった。従って、バックウェルらによる鳥のシオマネキ類に対する捕食を扱った研究は、私にとって、極めて奇異な印象を与えたものである。鳥の個体数そのものが、どれくらい多いかのデータが示されていないから当然であろうが、実際に、彼らが研究場所にしたパナマの干潟に行ってみて、その疑問が見事に氷解したのである。干潟には、あまりにも鳥が多く、しかも頻繁にシオマネキ類を捕食しているのが、ごく普通に見られるのである。このような鳥類による捕食圧の強さは、カニ類の警戒度を強めるようで、パナマのシオマネキ類は、どの種も、極めて警戒強く、地上活動の観察は、日本ほど容易ではないことがわかった。観察者がごくわずかでも動けば、すぐに反応して巣穴へ逃げ込む。日本とパナマの間での、スナガニ類の警戒度の違いは、定量的なデータで示されたわけではないが、両地域のスナガニ類を観察してみて明らかなのである。捕食者の存在が、餌生物の行動様式に影響することを示すいい例であろう。

2　競　争

スナガニ科のカニ類は、すでに述べたように、レベルと底質によって、種間で、生息域を明瞭に違えているが、レベルや底質が変化している中で、分布域が互いに接したり、重なるところも多く、そのようなところでは、巣穴をもつ空間をめぐっての競争が生じていることが考えられる。コメツキガニとチゴガニが、それぞれ上と下に分布域を分けながら混生している一つの干潟で、両種の分布を三年間にわたって、底質条件も含めて追跡したところ[8]、コメツキガニのいる間は、チゴガニは、下方に分布の中心があったのに、コメツキガニがいなくなると、底質条件は、変わらないにもかかわらず、チゴガニの主な分布域が上方に伸びたことがわかった。さらに、両種間の分布の相関性は、コメツキガニの密度の増加に伴って、より排反的になるのに対し、チゴガニの密度には、このような効果は認められなかった。このことは、混生域においては、チゴガニよりもコメツキガニが、種間の空間分割を制御していることを示している。つまり、コメツキガニのチゴガニに対する競争効果が、その逆よりも大きいことを意味する。

種間競争を、干潟に設置したケージに異種の底生動物を入れて、その生存率や成長からみようとした研究が、日本産のカワグチツボに近縁の巻貝 *Hydrobia* 属で知られている。レビントン (J. Levinton)[9] は、*Hydrobia totteni* が、他種巻貝 *Ilyanassa obsoleta* の存在下で、餌生物であるケイソウ類の減少によって、成長率、生存率ともに低下することを明らかにした。同じ *Hydrobia* 属の、*Hydrobia ulvae* と *Hydrobia ventrosa* の間では、その競争関係が、不相称になって現れることが、ゴルブシン (A. M. Gorbushin)[10] により示されている。すなわち、*Hydrobia ventrosa* は、*Hydrobia ulvae* と混生すると、単独でいるものよりも成長率が低下するのに対して、*Hydrobia ulvae* は、*Hydrobia ventrosa* と混生すると、単独でいるものよりも成長率が増加するのである。

近縁種間の競争が、種のもっている形態形質の変異をつくり出したとみられる現象として、形質置換 (character displacement) が知られている。これは、分布域が重複する地域では、単独分布域に比べて、種間の形態差が大きくなるというもので、上記 *Hydrobia* 属の二種、*Hydrobia ulvae* と *Hydrobia ventrosa* で報告されている。[11] 両種は、塩分濃度条件によって生息域が異なるものの、両種が共存する塩分条件のところもある。体長組成を、両種の様々な生息地で求めて、これを単独生息地と混生地とで比較したところ、単独生息地では、両種は、同じ体サイズ組成を示したのに対して、混生地では、*Hydrobia ulvae* の方が、*Hydrobia ventrosa* よりも、平均殻長で一・五倍ほど大きく（図73)、さらに両種の消化管内の食物粒子の大きさにも、同様の違いが、単独生息地と混生地の間で認められたのである（図74)。

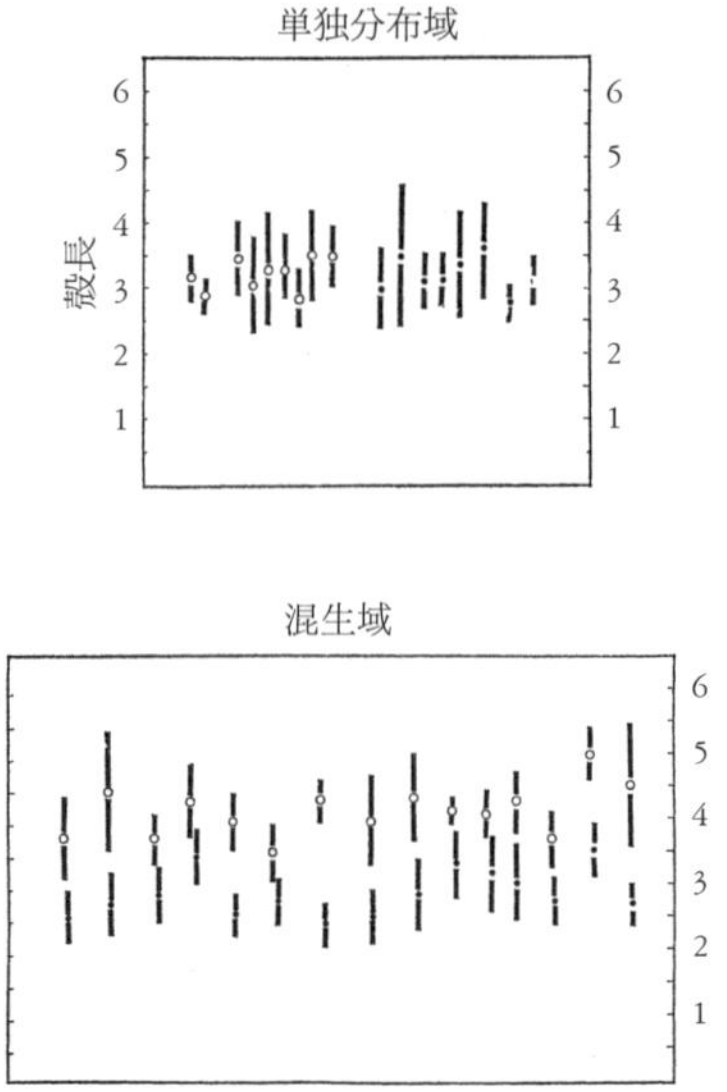

図 73　小型巻貝 *Hydrobia ulvae* と *Hydrobia ventrosa* の，それぞれの単独分布域と混生域での平均殻長．白丸は，*H. ulvae*，黒丸は *H. ventrosa*，棒は標準偏差を示す．単独分布域では，両種の平均殻長は，ほぼ同じであるのに対し，混生域では，*H. ulvae* の方が *H. ventrosa* よりも大きくなる．（文献 11 より）

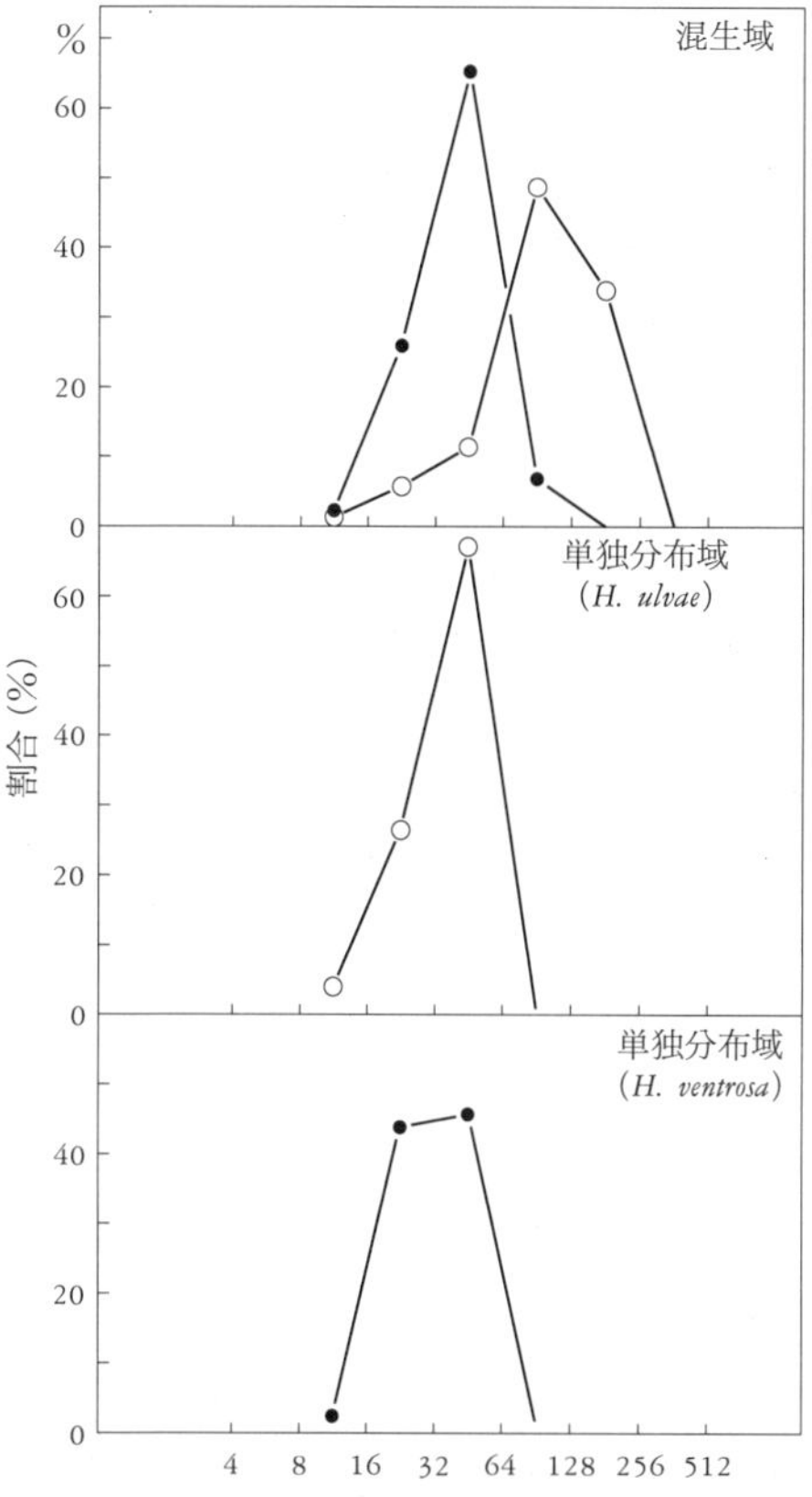

図 74　小型巻貝 *Hydrobia ulvae* と *Hydrobia ventrosa* それぞれの，単独分布域と混生域での，消化管内食物粒子の粒径分布．白丸は *H. ulvae*，黒丸は *H. ventrosa* を示す．単独分布域では，両種の粒径分布は，ほぼ同じであるのに対し，混生域では，*H. ulvae* の方が *H. ventrosa* よりも粒径が大きい方へずれる．(文献 11 より)

3 住み込み

ある生物の体や、ある生物がつくり出す環境に住みつくような生物間の関係を、住み込みという。海の動物では、このような住み込みの関係を示すものが多い。珊瑚礁は、サンゴという動物の体であり、それがあることで、魚類や甲殻類などがそこに集まって群集を形成している。干潟の底生動物の住み込み関係の例としては、巣穴を掘る動物のその巣穴に、別の動物が住み込む現象がみられる。マングローブ湿地内のスナガニ類やオカガニ類の巣穴が、イワガニ類やオウギガニ類によって利用されたり[12]、巨大な塚を造るオキナワアナジャコの巣がベンケイガニ類のかくれ家となっている[13]。

同じスナガニ類の間でも、このような関係が見つかった[14]。韓国西岸の泥干潟で、大型のヒメヤマトオサガニの巣穴が、小型のチゴガニ属の一種 *Ilyoplax pingi* によって、かくれ家として利用されているのである。その利用様式は、単にヒメヤマトオサガニの巣穴口から出入りするのと、ヒメヤマトオサガニの巣穴口近くに自分の巣穴を掘り、底部でヒメヤマトオサガニの巣穴と連結させているという二つが認められた（図75）。ヒメヤマトオサガニの巣穴が、*Ilyoplax pingi* により、このように利用されている割合は、前者の様式では、一〇〜二〇パーセントであったのに対し、後者では、五〇〜七〇パーセン

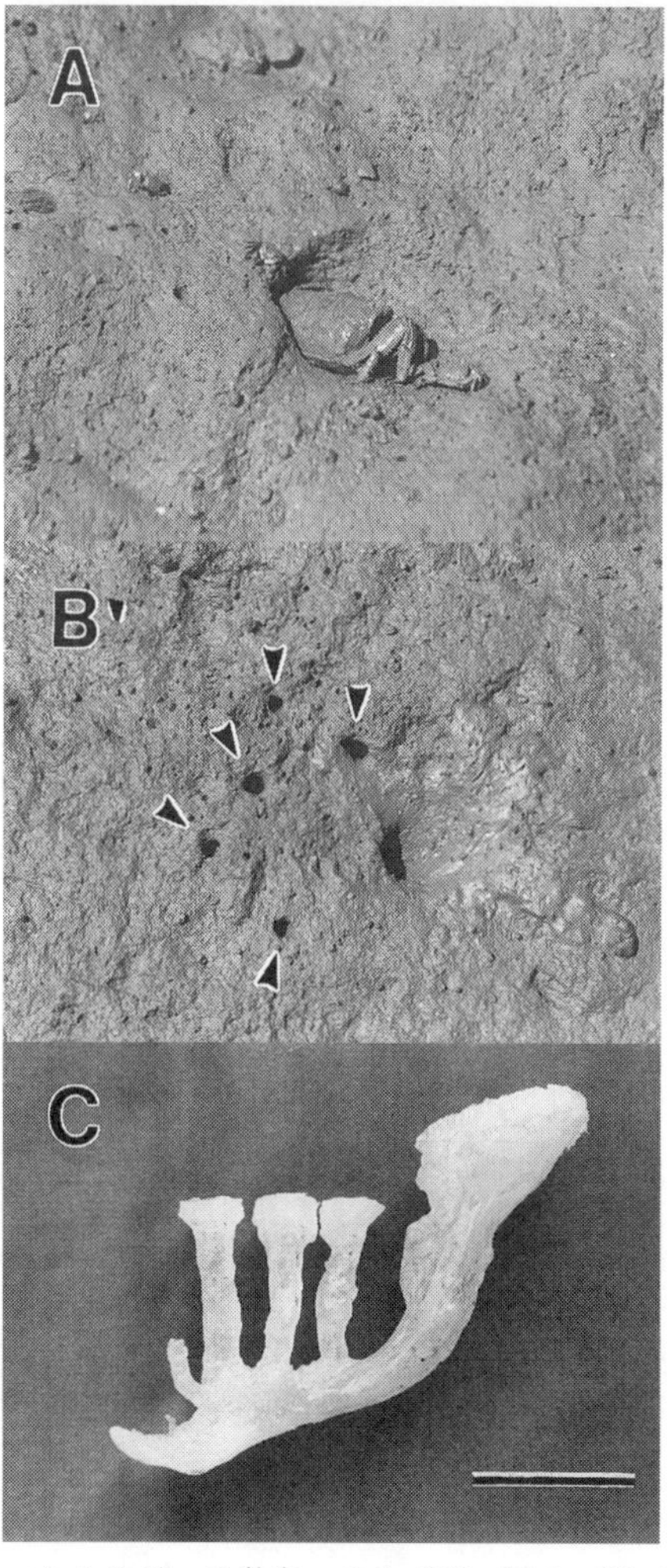

図 75　ヒメヤマトオサガニの巣穴へのチゴガニ属の 1 種，*Ilyoplax pingi* の寄居．*Ilyoplax pingi* が，ヒメヤマトオサガニの巣穴口を出入りして利用する場合 (A) と，ヒメヤマトオサガニの巣穴口近くに穴を掘り (B 矢印)，地下でヒメヤマトオサガニの巣穴と連結させて (C)，そこを出入りする場合が見られる．（文献 14 より）

トにのぼった。ヒメヤマトオサガニの巣穴口を出入りする *Ilyoplax pingi* の数は、平均四、最大一六で、出てきた *Ilyoplax pingi* は、その周辺で摂餌活動を続け、定期的にヒメヤマトオサガニの巣穴へ戻ることをくり返す。ヒメヤマトオサガニの巣穴と連結した巣穴をもつ *Ilyoplax pingi* の数は、平均約三、最大一〇で、いずれもその巣穴の周辺で摂餌活動を続け、やはり定期的に自分の巣穴口に戻ることをくり返す。

Ilyoplax pingi とヒメヤマトオサガニの間には、攻撃行動はごく稀にしか見られず、普段は互いに干渉なく、地上活動を行っている。*Ilyoplax pingi* は、かくれ家と水分補給のための巣穴を、ヒメヤマトオサガニの巣穴で代用することで利益を得ているが、ヒメヤマトオサガニは、*Ilyoplax pingi* からどのような利益をえているのかあるいは損失を被っているかはわからない。おそらく、ヒメヤマトオサガニにとっては、益も害もない存在であって、両者は片利共生の関係に当てはまるものと思われる。同じように、東南アジアのマングローブ湿地の干潟でも、シオマネキ類の巣穴が、小型の *Ilyoplax* 属の種に寄居されていることが見つかっている（松政私信）。

他生物の体表に付着するという住み込みには、種特異的な関係で成り立つものが多い。干潟で長大な巣穴を掘っている十脚甲殻類アナジャコの胸部に付着共生する二枚貝マゴコロガイ（図76）が、その代表であろう。加藤と伊谷[15]によると、マゴコロガイは、アナジャコ一個体に一個体付き、マゴコロガイとアナジャコの体サイズはきれいに相関する。このことは、マゴコロガイのベリジャー幼生の定着が、アナジャコの小さい時期にあり、その後アナジャコの成長に伴って、マゴコロガイも成長するこ

図76　アナジャコの胸部に付着共生する二枚貝のマゴコロガイ．

とを示唆している。彼らは、アナジャコ、マゴコロガイともに、その摂餌様式は、同じ懸濁物食であることも観察している。さらに驚くべきことに、アナジャコが脱皮する時、マゴコロガイの方は、古い宿主の殻に付けていた自分の足糸を切って、宿主の新しい体に歩いて乗り移るというのである（伊谷私信）。

沖縄の西表島の干潟に生息するスナガニ科のフタハオサガニには、歩脚に二枚貝オサガニヤドリガイが付着するのが知られている[16]。この二枚貝の付着がみられたフタハオサガニの割合は、西表島の船浦で、七八・五パーセントに達し、一個体のカニ当たりの付着数の最大は三七にも及ぶという。このオサガニヤドリガイをカニから離して飼育しても、一晩で再びカニに付着することから、マゴコロガイと同じように、カニが脱皮をしても、再びカニの体表に付着できるものと思われる。

4 寄　生

他の生物の体に住み込みをして、その宿主生物に害を与える場合は、両者は寄生という関係をつくることになる。陸奥湾の砂質干潟に生息するシロナマコの消化管に体内寄生するピンノ科のカニ、シロナマコガニ[17]（図77）を紹介しよう。このカニは、シロナマコの消化管内に入り、その中で餌を摂取しているが、その餌は、消化管から分泌される粘液であろうとされる。シロナマコの湿重量は、このシロナマコガニの寄生を受けたものでは減少することから、シロナマコガニは、シロナマコの成長に負の効果を与えているとみなせる。シロナマコ一個体のシロナマコガニの寄生数は、必ず一個体で、寄生を受けているシロナマコの割合は三五パーセントに達する。興味深いのは、シロナマコの体内に寄生しているシロナマコガニは、すべて甲幅九ミリメートルから一二ミリメートルの個体に限られ、かつそのほとんど（九七パーセント）は雌だということである。その雌は、春期には抱卵することから、シロナマコの体内に住むシロナマコガニは成熟個体であり、未成熟個体は、シロナマコの体内とは別のところに生息場所をもっていると考えられる。シロナマコガニは、成熟達成サイズに達する頃、シロ

図77　シロナマコガニ *Pinnixa tumida*. 甲長：0.7cm まで. 分布：函館湾, 陸奥湾, 男鹿半島.

ナマコの肛門より、消化管に移入することで寄生生活に入るのであろう。このシロナマコガニの未成熟個体の生息場所がどこにあるのかが、今なお不明である。

寄生者が、次の宿主に乗り移りやすいように、宿主の行動を変化させているらしいことが、最近多くの例で示されてきた。干潟における その例として、砂質干潟に生息する巻貝 *Ilyanassa obsoleta* と、これに寄生する吸虫 *Gynaecotyla adunca* の関係[18]を取り上げよう。この吸虫に感染された巻貝の個体は、非感染個体に比べ、干潟の特に高所に多く見つかり、しかも高所への移動も、感染個体の方が、非感染個体よりも頻繁に行われることが明らかになっている。この干潟の高所には、吸虫の第二次中間宿主になるハマトビムシ *Talorchestia* が数多く生息しており、吸虫がこの第二次中間宿主に乗り移りやすくするように巻貝の行動を、ハマトビムシのいる高所へ向かうようにさせているると考えられる。

寄生を受ける宿主が、その寄生に対抗して生き延びるため、生活史を変化させることがある。ウミニナ科の巻貝 *Cerithidea californica* では、吸虫の感染により生殖腺除去を受けるため、寄生を受ける前に繁殖できるように、繁殖を早めることが知られている[19]。この研究では、まず本種巻貝の各地の個体群の性成熟達成体サイズを吸虫の感染率と対比させて、両者の間に負の相関があることを示している。つまり、吸虫の感染率の高い地域では、巻貝の性成熟の体サイズが小さくなるのである。次に、吸虫の感染率が高くて性成熟達成サイズが小さい個体群と、吸虫感染率が低くて性成熟達成サイズが大きい個体群の間で、それぞれの個体の移植を行って、移植個体の性成熟達成サイズを調べる野外実験を行っている。結果は、吸虫感染率の高い個体群の個体は、吸虫感染率の低い個体群の個体よりも、どこの移植先でも、性成熟達成サイズが小さくなり、また、同じ個体群のものでも、移植先が、吸虫感染率の高い場所の方が、吸虫感染率の低い場所よりも性成熟達成サイズが小さくなったのである（図78）。このことは、この吸虫感染率に相関した性成熟達成サイズの個体群による相違が、一部遺伝的なものであるとともに、外的環境による影響も受けていることを示している。

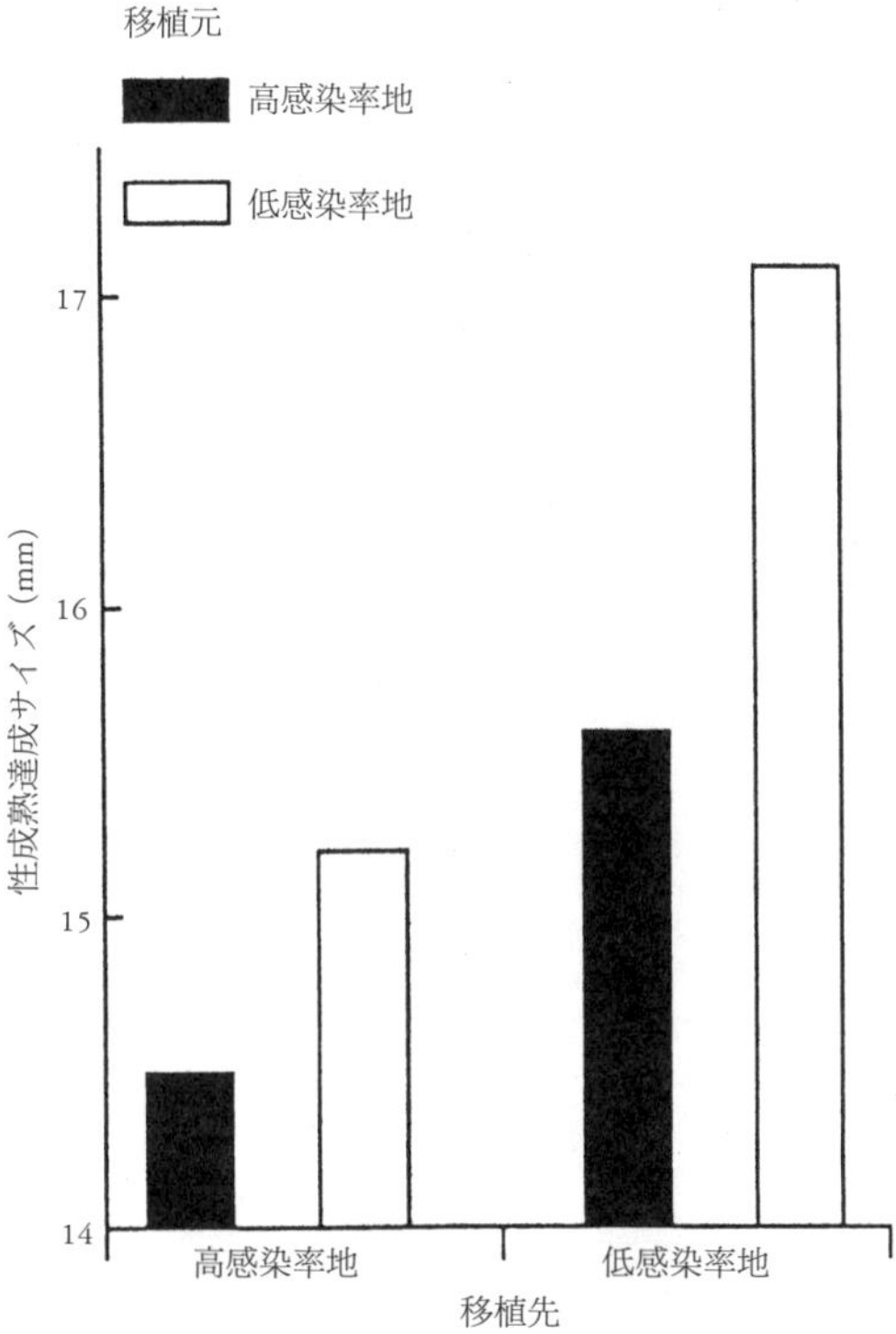

図 78　ウミニナ科巻貝 *Cerithidea californica* で，吸虫感染率の高い個体群と低い個体群の間での相互移植により，性成熟達成サイズをみた野外実験の結果．性成熟達成サイズは，集団の 50%が成熟する体サイズとした．吸虫感染率の高い個体群の個体は，吸虫感染率の低い個体群の個体より，どちらの移植先でも，性成熟達成サイズが小さくなるとともに，同じ個体群のものでも，移植先が吸虫感染率の高い場所の方が性成熟達成サイズが小さくなっている．(文献 19 より)

5 植物と底生動物との関係

干潟の上部には、温帯域では、ヨシを中心とする草本の群落、いわゆる塩生草原が発達し、熱帯域では、これが木本のマングローブ林となっているが、これらの植生は、その周りに生息する底生動物と密接に結びついている。その代表例として、シオマネキ類の生息が、塩生草原の成立に有利に働いていることを検証したバートネス(M. Bertness)の仕事[20]を紹介する。アメリカ東岸の河口湿地に生育する塩生植物 *Spartina alterniflora* に対するシオマネキの一種、*Uca pugnax* の効果をみるため、塩生植物の生える湿地内にシオマネキの除去区を設け、隣接した非除去区との間で、三ヶ月後に植物の生物重量、茎の密度、茎の平均長、開花率を比較したところ、これらの値がいずれも、シオマネキの除去区で有意に減少したのである(表2)。さらに、もともとシオマネキの生息していない塩生植物の生えている湿地内に、人工の巣穴を掘って、シオマネキを住ませ、同じ区域内でシオマネキのいないところと比較したところ、三ヶ月後の植物の生物重量、茎の密度、茎の平均長、開花率は、いずれもシオマネキを住まわせた区画で、有意に増大した(表3)。バートネスは、土中の酸化還元電位と水の透過率を併せて調べ、シオマネキの除去区では、酸化還元電位が減少し、水の透過率も低下すること、反対にシ

表2　塩生湿地で，シオマネキ類の除去により，塩生植物 *Spartina alterniflora* への影響をみた野外実験の結果

	対照区	カニ除去区
茎の長さ（cm）	98.4±0.39	82.3±0.34
	(n=1098)	(n=1448)
茎の密度	34.3±1.59	21.3±0.73
(625cm² 当たり)	(n=32)	(n=68)
開花率	46%	24.6%
	(n=1098)	(n=1448)
生物体量（g）	111.5±4.82	58.7±2.67
(625cm² 当たり)	(n=32)	(n=68)

3ヶ月後に調べられた，茎の長さ，茎の密度，開花率，生物体量のいずれもが，対照区に比べ，カニの除去区で低い値を示した．（文献 20 を一部改変）

表3　塩生湿地で，シオマネキ類を住ませることにより，塩生植物 *Spartina alterniflora* への影響をみた野外実験の結果

	対照区	カニ追加区
茎の長さ（cm）	28.03±0.22	31.14±0.19
	(n=2326)	(n=3192)
茎の密度	59.64±5.61	77.85±4.99
(625cm² 当たり)	(n=40)	(n=40)
開花率	0.98%	1.10%
	(n=2326)	(n=3192)
生物体量（g）	16.38±0.86	24.15±1.10
(625cm² 当たり)	(n=40)	(n=40)

3ヶ月後に調べられた，茎の長さ，茎の密度，開花率，生物体量は，いずれも対照区に比べ，カニ追加区で高い値を示した．（文献 20 を一部改変）

オマネキを入れた区画では、酸化還元電位、水の透過率ともに上がることを示した。これらのことから、シオマネキが生息して巣穴を掘ることで、土中の水の透過性が上がり、これによって酸素の供給がゆきわたって、塩生植物の生育が高められ、植物の生産量が上がるといえる。一方シオマネキの方も、植物の根系の存在が、かれらの巣の構造を維持するのに役立っている面があり、シオマネキと塩生植物の間は、双利共生的な関係が成り立っている。

熱帯のマングローブ林の生産も、カニの生息によって高められていることが知られている。北オーストラリアのマングローブ湿地内で、三種類の調査区を設け、一二ヶ月後の調査区内でのマングローブの生産量や土中の物理化学特性を比較するという実験が行われた[21]。三種の調査区というのは、落とし穴を設けてそれで毎月カニを捕獲する区（カニ除去区）と、落とし穴を設けるが、カニは捕獲しない区（妨害区）、それに何も操作しない区（対照区）である。除去されるカニは、マングローブ林内に多数穴居するイワガニ科ベンケイガニ類である。比較すべきマングローブの生産量としては、新しい葉の生産量に対応することで生産量のめやすとなる托葉（葉身とは別の葉柄の上や基部にできる葉的器官）の落下量が取り上げられ、さらにマングローブの繁殖力の指標として胎生種子（結実後果実が母体にとどまったままで発芽する種子）の落下量が比較された。その結果、托葉の落下量（表４）、胎生種子の落下量ともに、カニ除去区で、妨害区や対照区に比べて、有意に低くなったのである。なお、土中の化学的条件としては、アンモニア濃度、硫化物は、カニの除去区で有意に増大することが確認されたが、リン酸、硝酸、亜硝酸は、ともに三種の区間で差はみられなかった。カニが巣穴をもって生息すること

表4　マングローブ湿地で，カニ類の除去により，マングローブの生産量への影響をみた野外実験の結果

	托葉落下量 (g)（1日 $1m^2$ 当たり）
対照区	0.339
妨害区	0.342
カニ除去区	0.303

落とし穴を設けてカニを除去した区と，落とし穴は設けてもカニを除去しない区（妨害区），そして何も施さない対照区の間で，マングローブ生産量の指標になる托葉落下量（1年間）を比較したところ，カニ除去区が，対照区，妨害区に比べて低い値を示した．（文献21より）

が、マングローブ林の成長に正に働くことが、これにより示されたのである。

マングローブ林内に生息するベンケイガニ類は、巣穴を掘ることで、土中での物質循環をスムーズに進行させるだけでなく、マングローブの落葉の初期分解者（図79）としても重要な役割を担っている。例えば、北オーストラリアでは、毎年のマングローブ落下量の少なくとも二八パーセントは、ベンケイガニ類によって消費されると見積もられている[22]。マングローブ落葉の初期分解者には、ベンケイガニ類のほかに、大型の巻貝であるキバウミニナ（図80）も知られている。沖縄のマングローブ湿地では、本種が、オヒルギやヤエヤマヒルギの落葉だけでなく、地上に落ちている新しい緑色葉や胎生種子も摂食することが観察される[23]。

マングローブ湿地に生息する底生動物のマングローブへの働き掛けには、このほかにマングローブが地上に出している気根（空気中に出ている根）に付いている

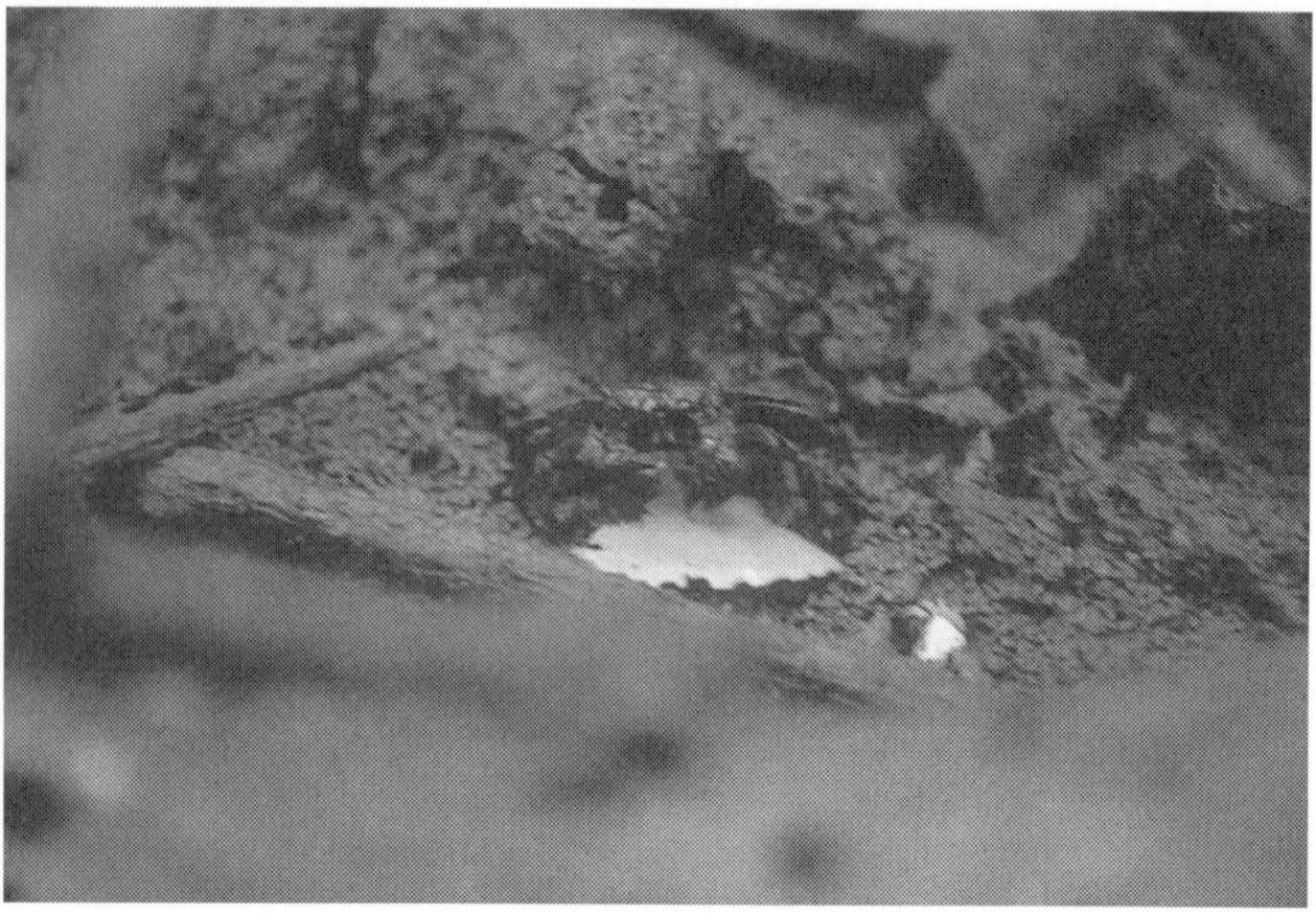

図 79　マングローブの落葉を摂食するベンケイガニ類．

ものを取り除くというものがある。私とウォウアー（D. Wowor）[24] は、東インドネシアのマングローブ湿地で、マヤプシキの針状の気根にスナガニ類が登って摂餌するのを観察している（図81）。スナガニ類は、通常干潟の砂泥表上で摂餌するが、ここでは、七種ものスナガニ類が、マヤプシキの気根上で摂餌するのが確認された。なかでも、ナカグスクオサガニは、最も頻繁に気根上摂餌を行い、その割合は、平均すると全個体群中の三〇パーセントにのぼる。しかもこの種は、その巣穴を気根に沿って掘っている個体が半分近くもあり、巣穴維持と摂餌の両用に気根が活用されているといえる。気根上摂餌個体の胃内容物検査からは、気根上に生える大型藻類と樹皮が主な餌として摂取されていることがわかっている。このスナガニ類による気根上摂餌は、マングローブに対してどのような効果

図80　マングローブの落葉に集まり，これを摂食する大型巻貝のキバウミニナ *Terebralia palustris*．殻長：9cmまで．分布：石垣島以南のインド・西大平洋域．

がありうるであろうか。気根は、干出時に、地下の根に空気中の酸素を送る通気口の役割と、気根の樹皮下には葉緑素があることから、ここで光合成が行われ、それによって得られた酸素を地下の根に送る機能があるとされている。いずれの機能にとっても、気根表面に付着する海藻類や泥は邪魔な存在である。樹皮そのものにしても同様であろう。従って、スナガニ類の気根上摂餌は、マングローブにとっては、負というよりも正の効果を与える、つまり、好都合なこととして位置付けできるようだ。ここでも、植物と底生動物との協力しあう関係が成立している。

＜閑　話 7＞

―マングローブ湿地で見たカニ類の奇妙な行動―

マングローブ湿地では、カニ類がマングローブの落葉を運んでは、これをかじる行動を見るが、さらに興味深いのは、落下したマングローブの胎生種子が、カニの巣穴に運び込まれたまま、巣穴口に突き刺さって残っている光景である。場所は、東インドネシア、ハルマヘラ島のマングローブ林内であった。面白いことに、突き刺さった種子の下側は、わずかにカニによって食べられており、そこから根がはり出しているのである。カニがなぜ種子を全部食べてしまわないで、このように巣穴口に突き立てておくのかが不思議議である。このようなカニの活動は、あるいはマングローブ種子の発根から生長に有利に働いているのかもしれない。同じ地で、私は、スナガニ類がマングローブの気根に登って摂餌する行動を観察したが、同時に、このマングローブの気根間をジャンプして飛び移るすごいカニにも出会った。スナガニ科ではなく、イワガニ科のカニであったが、まるでサルが木から木へ乗り移るような見事なジャンプであったのをありありと覚えている。

第六章◎地理的分布と系統関係

1　スナガニ類にみられる地理的分布の特徴

干潟を主たる生息場所とする分類群であるスナガニ科のカニ類を取り上げ、その地理的分布を特徴付けてみよう。スナガニ科のカニ類は、世界中の温帯から熱帯までに分布し、熱帯では種数が多くなるが、それも地域によって様々に変異する。一般に海洋生物の多様性は、同じ熱帯域でもインド洋、西太平洋に属する地域で最も高くなるとされているが、スナガニ類も同様で、インド洋から西部太平洋の海域沿岸では、スナガニ科を構成するすべての亜科、すなわち、スナガニ亜科 Ocypodinae、ヘレシウス亜科 Heloeciinae、コメツキガニ亜科 Dotillinae、オサガニ亜科 Macrophthalminae、そしてムツハ

表5　スナガニ科各亜科と，それらのインド・西太平洋域と大西洋・東太平洋域における分布

亜科	代表的な種	インド 西太平洋域	大西洋 東太平洋域
ヘレシウス亜科		＋	−
スナガニ亜科	スナガニ シオマネキ	＋	＋
コメツキガニ亜科	コメツキガニ チゴガニ	＋	−
オサガニ亜科	ヤマトオサガニ オサガニ	＋	−
ムツハアリアケガニ亜科	アリアケモドキ ムツハアリアケガニ	＋	＋

アリアケガニ亜科 Camptandriinae（表5）が分布するのに対して、大西洋と東部太平洋の沿岸には、スナガニ亜科とムツハアリアケガニ亜科しか分布していない。コメツキガニやチゴガニ、ヤマトオサガニといった日本の沿岸ではごく普通のグループが、アメリカ大陸、ヨーロッパ・アフリカ西岸には、まったく見られないのである。アメリカのフロリダ沿岸のマングローブ域を訪れた際、シオマネキ属のカニが、潮間帯の上部にいるだけで、干潟の中下部には、カニの巣穴がまったく見られず、閑散とした干潟の様子に唖然としたことを覚えている。ところが、このスナガニ亜科の中のシオマネキ属では、その種数は中米の熱帯域が、インド・西太平洋域よりも多くなる。パナマの干潟を訪れた際、シオマネキ類の種の多さに驚くとともに、インド・西太平洋域では、オサガニ亜科やコメツキガニ亜科が主として占める生息場所までシオマネキ類が占めているのを実感した。

次に、日本が属するインド・西太平洋域に限って、スナガニ類の地理的分布にみられる北半球と南半球（オセアニア）との違いをまとめると、シオマネキ属は、南半球で種数が多くなるのに対して、コメツキガニ亜科は、北半球、特に東アジアで種数が多く、かつその分布がより高緯度まで伸びているという特徴がある。例えば、日本の沿岸では、シオマネキ類は、その北限が伊勢湾であり、これに対して、チゴガニは宮城県、コメツキガニは北海道まで分布する。ところが、オーストラリアでは、シオマネキ類の分布南限はシドニー周辺まで伸びるのに対し、チゴガニ属の南限はブリスベン周辺までである。そのほか、オーストラリアには、一種で一つの亜科を形成する *Heloecius cordiformis* という固有の種が分布することも大きな特徴であろう。本種は、そのはさみ脚が、両方とも体に比して大きくなっており、一見するとまるでシオマネキの雄のはさみ脚が両方とも巨大化したような印象を受ける（図82）。

日本に分布するスナガニ類の地理的分布は、大きく大陸系と島嶼系の二つに区分することができる。大陸系は、朝鮮半島から中国大陸にかけて分布が続くもので、島嶼系は、むしろ大陸の外側に連なる島嶼群に分布が続くものである。日本の本州、四国、九州には、前者が主に分布するのに対して、琉球列島には、後者の傾向を示すものが多い。例を挙げよう。ハクセンシオマネキとオキナワハクセンシオマネキは、極めて近縁であるが、前者は、日本では、本州、四国、九州に分布し、朝鮮半島から中国大陸にも拡がって分布する一方、後者は、日本では、沖縄のみから知られ、その分布はさらに南へ伸びて、フィリピン、インドネシアからオーストラリア東岸にまで伸びる。興味深いのは、台湾で

図82　オーストラリア南東部に分布し，1種でスナガニ科の1亜科を成す *Heloecius cordiformis*.

は、日本同様、両種が分布するものの、ここでもハクセンシオマネキは台湾の西岸、つまり大陸方向側に分布し、オキナワハクセンシオマネキは、より黒潮の影響の強い台湾の南端に限られるのである。[1] 日本に分布するスナガニ類の中で、最も大陸系要素の強いものは、有明海周辺に分布が限られるムツハアリアケガニ亜科のアリアケガニとチゴガニ属のハラグクレチゴガニである。これらは、日本が大陸とつながっていた頃の遺存種とみなされている。

〈閑　話 8〉

― 生息場所が干潟以外のスナガニ類 ―

干潟には住まないスナガニ科のカニには、どのようなものがいるのであろう。沖縄には、石灰岩の潮間帯岩礁に生息するチゴガニ属の一種ミナミチゴガニとオサガニ属の一種タイワンヒメオサガニがいる。本州でも、潮間帯岩礁を住み場所とするオサガニ属の一種ヒメカクオサガニが知られている。本種は、干出時に、海藻で被われた岩表上を走り回り、ときには途中でウェイビングを示すこともある。潮間帯の転石海岸に生息して、転石の間の砂泥中に穴居して生活するシオマネキ類もいる。日本産にはルリマダラシオマネキがあり、パナマでは、*Uca panamensis* が知られる。潮の干満による干出がまったくない潮下帯の泥底から得られるものもある。いずれもオサガニ属の、ホンメナガオサガニとヒゲメナガオサガニである。このうちヒゲメナガオサガニは、世界で紀伊半島沿岸からのみ記録のある希少種だ。干潟に生息するが、潮下帯からも得られるものとしては、オサガニ属のヤマトオサガニ、メナガオサガニ、ノコハオサガニとムツハアリアケガニ亜科のアリアケモドキ、ムツハアリアケガニが挙げられる。

2　スナガニ科各亜科の系統関係

スナガニ科を構成する亜科間の系統関係は、最近になってミトコンドリアＤＮＡの塩基配列に基づいた系統樹の作成により明らかとなってきた。コメツキガニ亜科の種間の系統関係を求めるのを主目的に行った我々の研究の中で、[2] オサガニ亜科とスナガニ亜科、それにムツハアリアケガニ亜科の種も扱われた。これによると、オサガニ亜科が最も古く、それよりスナガニ亜科が分岐し、それからさらにコメツキガニ亜科とムツハアリアケガニ亜科が分かれたとされる（図83）。さらに、シオマネキ類の分子系統を明らかにした研究[3]でも、シオマネキ類を含むスナガニ亜科に加え、オサガニ亜科とヘレシウス亜科が解析されているが、それによるとヘレシウス亜科はオサガニ亜科よりも古い位置にきて、スナガニ亜科は、我々の結果と同様、オサガニ亜科より新しい位置にくる。結局、スナガニ科の各亜科は、ヘレシウス亜科、オサガニ亜科、スナガニ亜科、コメツキガニ亜科・ムツハアリアケガニ亜科の順に分化が進んだとみなせる。

このことは、化石の記録とどう対応するのであろうか。カニ類の化石は、中生代三畳紀にすでに出現するが、明らかにスナガニ科と認めうる化石が産出するのは、新生代第三紀の中新世始め以降で、この中新世の頃に化石として産出するのは、オサガニ亜科、スナガニ亜科、ムツハアリアケガニ亜科

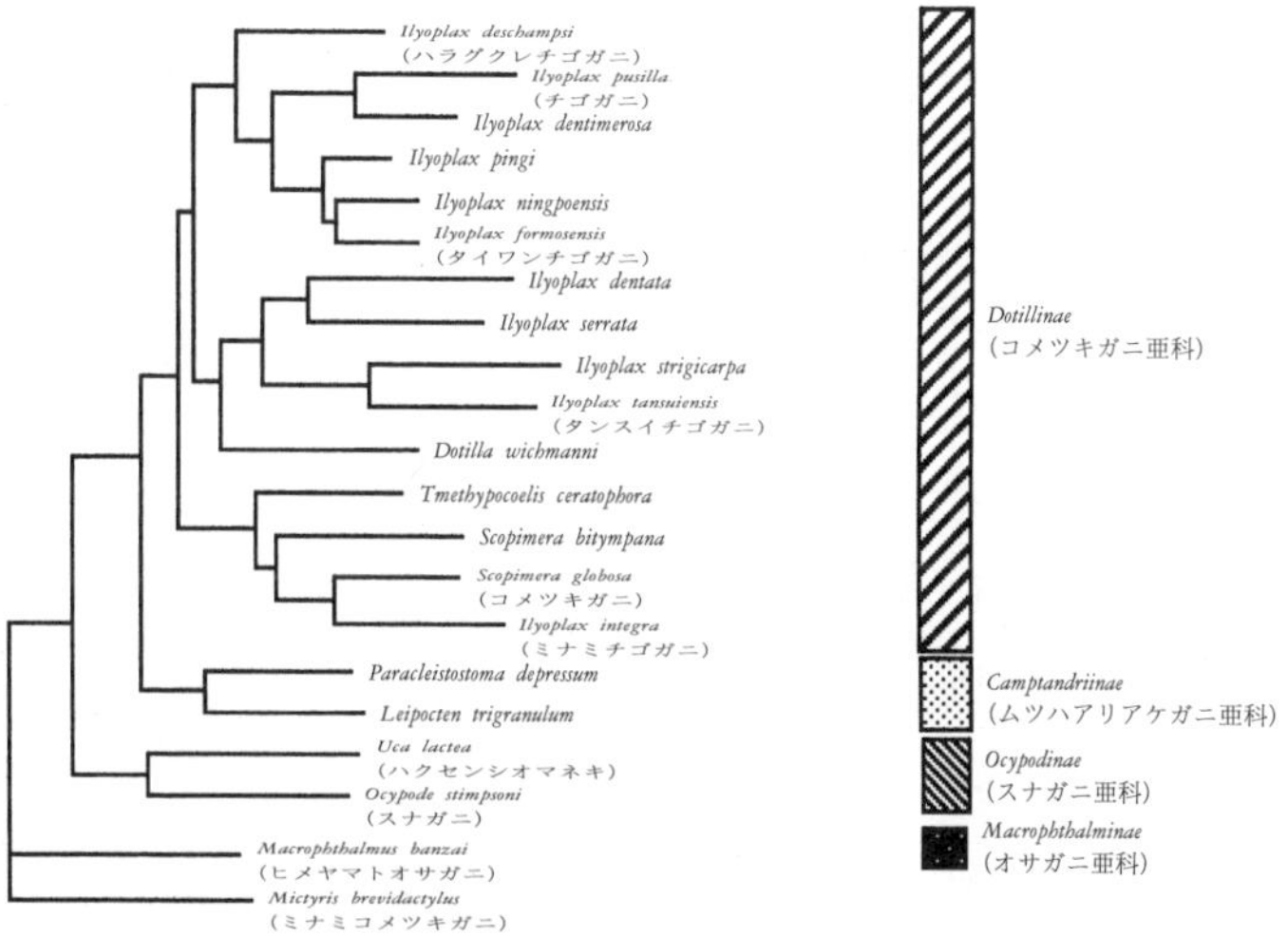

図 83　ミトコンドリア DNA の 1227 塩基に基づき推定されたスナガニ類 20 種の系統関係. 外群には, ミナミコメツキガニが使われている. (文献 2 を改変)

の三群で、[4・5]コメツキガニ亜科の記録はない。ただ、この三つの亜科の間で、化石の記録上、オサガニ亜科からスナガニ亜科、そしてムツハアリアケガニ亜科といった順序の進化過程を示す証拠はない。化石の記録のないコメツキガニ亜科については、ミトコンドリアDNAの塩基組成から推定した分岐年代は、今から八〇〇万〜三〇〇〇万年となり、[2]それは、ちょうど他の亜科の化石が産出する最も古い時代の中新世にほぼ相当することになって一致する。スナガニ科の各亜科の分化は、中新世の時期に一挙に進んだのかもしれない。

興味深いのは、中新世の時期にヨーロッパから、現在は分布していないオサガニ亜科とムツハアリアケガニ亜科の化石が見つかることである。中新世の前の時代、漸新世までは、大平洋と大西洋は、テーチス海という暖かい海でつながっていたが、中新世には、すでにこのテーチス海は閉じられ、太平洋と大西洋は互いに分断されていたとされる。大西洋側に、この時代に分布していたスナガニ科のカニ類のうち、オサガニ亜科はその後絶滅し、スナガニ亜科とムツハアリアケガニ亜科が残ったのである。ただ、なぜスナガニ亜科とムツハアリアケガニ亜科が残りえたのかが謎である。現在、インド・西大平洋域にのみ分布するオサガニ亜科の起源については、もともとヨーロッパに分布していたものがインド・西大平洋域に入ったという考え方と、中新世以前の、テーチス海で大平洋と大西洋がつながっていた頃に、すでにこれらの亜科が存在し、その後、テーチス海が閉じてから後、インド・西太平洋のもののみが残ったという二つの考え方がある。(6)

（註）地質年代の区分

地質年代は、大きく、古生代、中生代、新生代と区分される。このうち、中生代は、古い方から順に三畳紀（二億〇八〇〇万年前まで）、ジュラ紀（一億四五〇〇万年前まで）、白亜紀（六五〇〇万年前の新生代初めまで）に区分され、新生代は、第三紀と第四紀から成り、第三紀はさらに古い方から順に、暁新世（五六〇〇万年前まで）、始新世（三五〇〇万年前まで）、漸新世（二三〇〇万年前まで）、中新世（五二〇〇万年前まで）、鮮新世（一六〇万年前まで）、第四紀は更新世（一万年前まで）と完新世（現在まで）に区分される。

3　シオマネキ類の系統関係

スナガニ科の中で最も種数が多い属は、シオマネキ属である。その数は現在八〇を越え、中央アメリカの大平洋、大西洋岸で最も多様化が進んでる。このシオマネキ属内での種間の系統関係について、これまでの知見をここではまとめてみよう。シオマネキ属は、これまで九つの亜属に分けられており、一つの亜属（*Celuca*）を除けば、それらは、インド・西大平洋域か大西洋・東大平洋域のいずれかに分布が限られる。

世界中のシオマネキ類を調べ上げたクレイン（J. Crane）[7]は、シオマネキ類は、形態的に大きく二つに分けられ、それは、地理的分布と行動とも対応することを示した。この二群というのは、額が広いものと狭いもので、前者は、主に大西洋・東大平洋側に分布し、行動も複雑になっているのに対して、後者は、主にインド・西大平洋側に分布するものが多く、行動は原始的とされる。日本に分布する種で例を挙げれば、額の広い群に属するものにハクセンシオマネキ、額の狭い群に属するものにシオマネキやヒメシオマネキがある。クレインは、このことから、インド・西大平洋が、シオマネキ類の発祥地で、ここの額の狭いものがアメリカ大陸へ移って、そこで額の広いグループが進化をとげたという仮説を出していた。しかし、この仮説には無理があることが、シオマネキ類の行動生態を調べたサーモン(M. Salmon)とズッカー(N. Zucker)[8]により指摘され、このことは、最近になって分子系統を明らかにした研究[9]により明確となった。すなわち、分子系統によると、インド・西大平洋域の種とアメリカ大陸の種は、きれいに二つの群として分かれること、さらに大西洋・東大平洋域のいくつかの種は、特に分岐が早い、いわば祖先的なものに位置付けできるのである(図84)。このことから、まず *Uca* 亜属や *Afruca* 亜属が、原始大西洋で生まれ、これが、テーチス海が閉じられることで、インド・西大平洋域とアメリカ・大西洋域に分かれて、それぞれで分化が進んだとみなせるのである。さらにこの系統樹から、日本のハクセンシオマネキが属する *Celuca* の種だけは、いくつもの群に分かれて出現するという特徴を示していることがわかる。つまりこの亜属は、直接の祖先種が異なるものから成り立っている、いわゆる多系統群であるといえる。

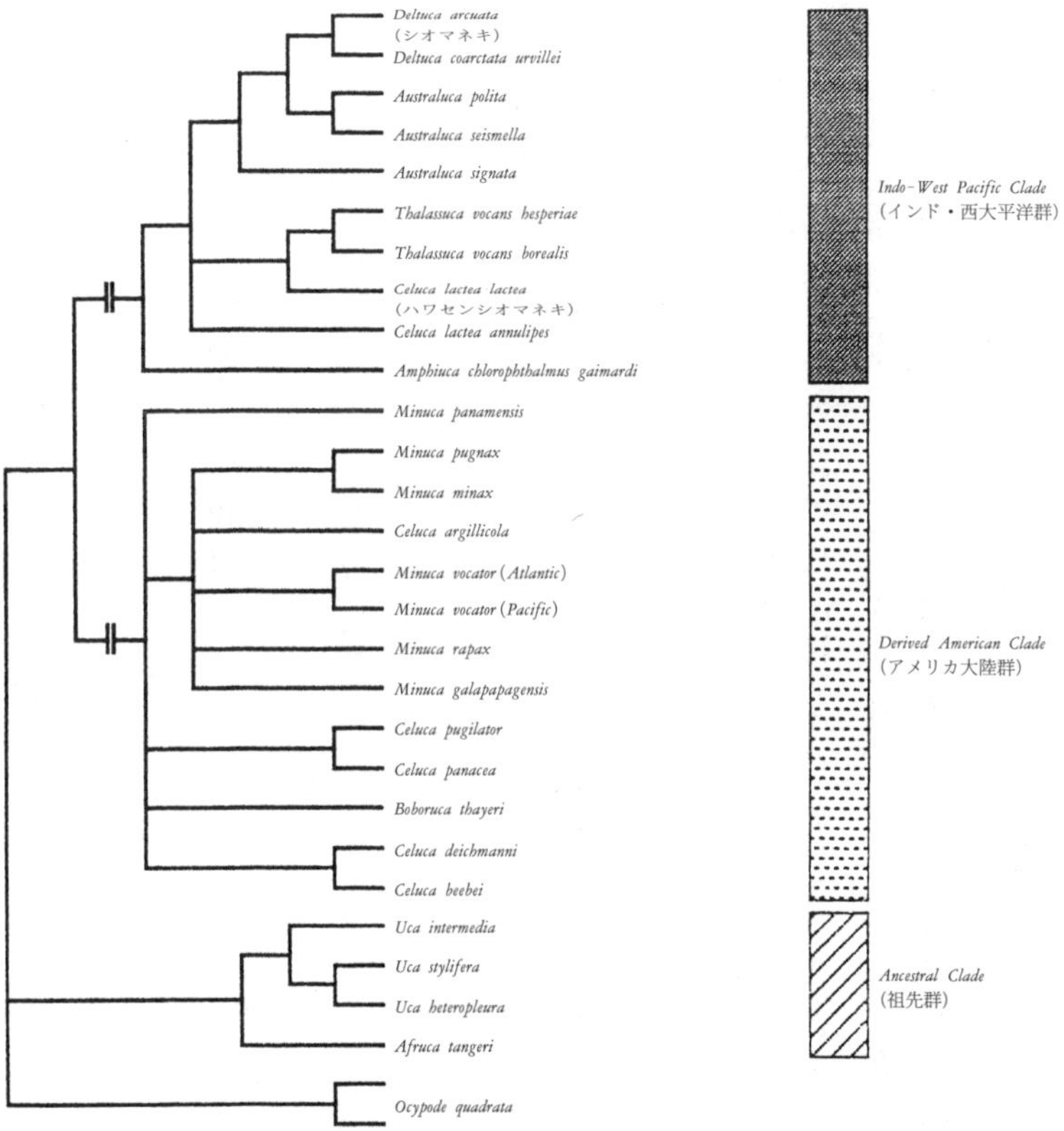

図84　ミトコンドリアDNAの491塩基に基づき推定されたシオマネキ属9亜属27種の系統関係．外群には，スナガニ亜科の *Ocypode quadrata* が使われている．各種は，亜属名と種小名および亜種小名で示されている（文献9より）．

4　社会行動の進化と系統関係

スナガニ類は、社会行動が高度に発達した種を含んでおり、その高度な社会行動の進化過程は、単純なものから複雑なものへ進んだとみなされてきた。例えば、シオマネキ類の示す求愛行動であるウェイビングは、単に上下に動かすものと、側方に拡げて回すタイプに分けられるが、前者の方が、より単純な動き方であることから、原始的形質とみなされ、垂直な動き方から振り回す方へ進化が進んだとされてきた。配偶様式も、地上交尾を主とするものに比べ、雄が雌を巣穴に導き入れて、そこで雌をガードするものの方が、より進んだものとみなされてきた。クレイン（J. Crane）[7]は、インド・西大平洋域の種群の多くが、ウェイビングも配偶様式も単純で、アメリカ大陸域の種群の多くは、反対にそれらの行動が複雑であることを示した。しかし、分子系統に基づいた種間の系統関係（図84）に、各種のもっている行動様式を照合させると、複雑な社会行動をとる種が必ずしも分化の進んだ位置にあるわけではない。最も祖先型に近いとされる *Uca* 亜属、*Afruca* 亜属でも、複雑な配偶行動がみられているのである。つまり、社会行動の進化は、種の進化とは必ずしも並行していないことを意味している。

コメツキガニ亜科チゴガニ属の種では、なわばり防衛に泥を使うという高度な行動を示すものがいるが、この泥を使うなわばり行動がどのように進化してきたかを、チゴガニ属各種の系統関係を通してみた我々の研究を紹介する。泥を使ったなわばり行動には、他個体の巣穴を泥でふさぐ巣穴ふさぎ、他個体の巣穴横に泥の山を築くバリケード構築、そして他個体の巣穴には接せず、その近くに泥の山を築くフェンス構築の三タイプがあることは既述の通りである。これが、西大平洋域に分布する一種のチゴガニ属の種で、どのように見られるかをまとめたところ、巣穴ふさぎは八種、バリケード構築は四種、フェンス構築は一種でみられ、しかもバリケード構築をする種は、必ず巣穴ふさぎを行い、フェンス構築をする種は、バリケード構築も行うことが明らかとなった。巣穴ふさぎ、バリケード、フェンスは、この順に泥の山が大きくなって、効果も大きいことが考えられが、このことに加え、フェンスを造る種はバリケードも巣穴ふさぎも行い、バリケードを造る種は巣穴ふさぎを行うということを考慮に入れると、行動としては、巣穴ふさぎからバリケード構築、そしてフェンス構築へと進化してきたとみなすのが妥当であろう。

これを、分子系統で得られたチゴガニ属各種間の系統図に照合させると、巣穴ふさぎからバリケード、バリケードからフェンスという進化が、種の進化とほぼ並行して成立していることがうかがえる（図85）。チゴガニ属は大きく三群に分かれるが、このうち日本のチゴガニやハラグクレチゴガニが含まれる群では、その祖先種で一回巣穴ふさぎが進化し、その後バリケードが、*Ilyoplax dentimerosa* とチゴガニの共通祖先と *Ilyoplax ningpoensis* で進化し、フェンスは *Ilyoplax dentimerosa* で進化したとみなせる。一方もう一つの群では、巣穴ふさぎが、*Ilyoplax tansuiensis* と *Ilyoplax serrata* でそれぞれ進化し、*Ilyoplax serrata*

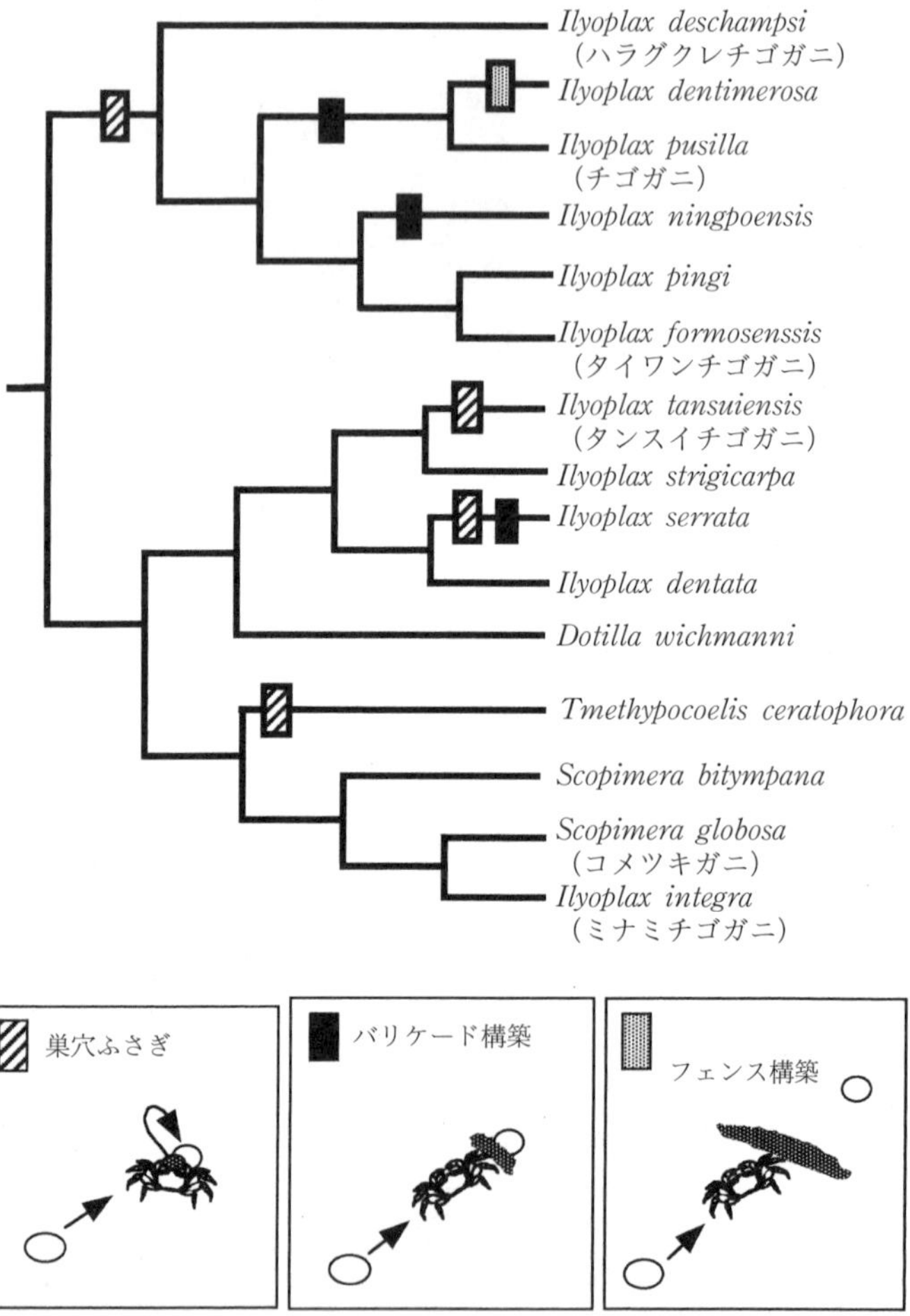

図 85　ミトコンドリア DNA の 1416 塩基に基づき推定されたコメツキガニ亜科 15 種の系統関係と，その上でみた，泥を使ったなわばり行動の進化過程．巣穴ふさぎ，バリケード構築，フェンス構築が，それぞれ進化した系統樹上の位置が示されている．（文献 2 より）

でバリケードが進化したか、または *Ilyoplax tansuiensis* と *Ilyoplax serrata* の共通祖先で巣穴ふさぎが進化し、*Ilyoplax strigicarpa* でそれが失われ、*Ilyoplax serrata* でバリケードが進化したというシナリオが考えられる。泥を使ったなわばり行動の進化は、別々の系統群の中でまったく独立に、巣穴ふさぎからバリケード、バリケードからフェンスという進化過程に沿って発達してきたことになる。別の系統群で独立に行動の進化が進んだということは、行動の進化が種の系統に完全に制約されるわけではないことを意味する。それでは、泥を使ったなわばり行動の進化をつくり出す要因は何であろう。生息場所における泥を操作しやすい条件の有無と個体間の集合性あるいは反発性に手がかりがあるように著者は考えているが、それは今後の重要な課題であろう。

第七章◎

干潟の生物の現状と保全

1　干潟の価値

干潟は、大都市が立地する大きな河川の河口域や内湾に発達するため、これまで人間社会の影響を最も強く受けてきた渚である。それは、一九九二年の時点で、日本全国で戦前にあった干潟の実に四割近くが消失したという事実に表われている。今急速になくなりつつある海岸地形の一つ干潟がもつ価値とはどういうものかを整理しておこう。

まず、干潟が発達する内湾や河口域は、生産力が高いという特徴をもっていることが挙げられる。それは、一つには、水塊の栄養素を捕捉しやすい条件を具えていることによる。海水と淡水が混じるところでは、水中の浮遊粒子が凝集して高い沈降速度をもつようになる。これに加えて、水の流れが低下することと、平坦な地形が続くことにより、水塊中の栄養素の沈降が進みやすい。水塊中の栄養素の沈降に加え、多様な一次生産者の存在が、生産力を高める役割を果たしている。すなわち、一次生産者には、植物プランクトンだけでなく、干潟表面に無数に生息するケイソウを中心とした微小藻類、さらには、塩生植物や海草といった種子植物まである。生産力の高さは、そこに生物が豊富に生存する基盤であり、実際干潟では、大型底生動物の生物量が大きいだけでなく、そこで餌を採るために魚類や鳥類が集来する。

干潟のもう一つの大きな価値は、浄化槽としての機能である。水中の懸濁物質が沈積され、そこで分解されるという浄化槽としての基本的機能が干潟には備わっている。干潟がもっている水中懸濁物質の沈降機能には、上述した水の流れの低下、地形の平坦性、淡水と海水の混合といった物理的な要因だけでなく、干潟表面にいるケイソウ類がその粘液に水中懸濁物を捕捉したり、アサリなどの懸濁物食者が積極的に水中の有機物を摂取したり、さらには、ヨシ等の植物による吸収といった生物的要因もある。

干潟表面へ沈積した有機物の分解を担うのは、干潟表面を摂餌するスナガニ類やゴカイといった底生動物と微生物である。特に微生物の分解には、酸素の供給が重要であるが、干潟は、この酸素が供給されやすい条件をもっている。それは、定期的に広い面積が干上がることで、酸素の豊富な空気にさらされることと、底生動物の巣穴の存在が、酸素を泥の中まで行き渡らせること、さらに底生動物の巣穴掘削により、干潟深部の砂泥が、酸素の豊富な地表へ運ばれやすいことと、巣穴中の底生動物が自分の巣穴内へ積極的に水を取り入れる活動があること、などである。こうしてみると、巣穴をもつ底生動物の存在は、干潟への酸素供給に貢献するところが大きいと言える。

干潟表面や底生動物の巣穴壁面は、酸素が行き渡ることで、酸化的条件をもっているのに対して、その直下は反対に酸素の少ない還元的条件をもって黒くなっている（巻頭グラビア図86）。この酸化的な層と還元的な層が近接していることが、たんぱく質が窒素まで分解される上で好都合なのである。それは、たんぱく質がアンモニアまで分解されたあと、アンモニアが硝酸、亜硝酸に分解されるのは、酸化層で活性の高い硝化菌（好気的にアンモニアを酸化して亜硝酸を、または亜硝酸を酸化して硝酸を生成する細菌）により行われ、硝酸、亜硝酸が窒素ガスとして大気中へ放出されるのは、還元層で活性の高い脱窒菌（硝酸、亜硝酸を窒素ガスに変えて放出する細菌）による還元作用によっているからである。結局、干潟による海水浄化機能を下水処理場で見積もると、東京湾で今残っている干潟の場合、建設費で四四八〇億円、維持経費が年間一九億円にもなるという驚くべき数字が得られている。[1]

干潟は、付近の海域における魚介類の稚仔魚生育場としての価値ももっている。その理由としては、餌になる栄養分が豊富なことと大型の捕食者がいないことが挙げられる。例えば、東京湾に面した千葉県の小櫃川河口の干潟域には、コノシロ、スズキ、イシガレイなど、東京湾に出現する多くの有用魚種の稚仔魚が生息することが知られている。[2] 魚類だけではない。タイワンガザミ、クルマエビといった水産上有用な甲殻類も、その稚ガニ、稚エビの時期は、干潟域を主たる生息場所としている。

このような稚仔の時期に干潟域を利用する種では、稚仔のときの塩分濃度適性も、成体のときとは異なる特性をもつようになっていることが知られている。例えば、ヒラメの仔魚の生残率は原海水よりも低塩分の方が高く、アメリカ東岸に分布するクルマエビの一種 *Penaeus setiferus* の稚エビは、原海水では生きられるものの、正常には成長できない[3]。干潟域では、通常塩分濃度が原海水よりも低くなるという特徴に適応したものといえる。

2　日本における干潟底生動物の現状

日本各地で干潟が消滅していく中で、干潟に生息する底生動物種も各地で姿を消しつつある。その実例として、和歌山県南西部に位置する田辺湾湾内の干潟における底生動物種を取り上げよう。この地域は、戦前より京大瀬戸臨海実験所の所員により、湾内にある小さい島、畠島を中心にした干潟生物の記録があり、著者も一九七三年から今日まで継続してその生物相を視察している。田辺湾から確実に姿を消した干潟の生物としては、かつて波部[4]が生息していることを報告しながら、現在は死殻のみ見つかるウミニナ、フトヘナタリ、ヘナタリ、カワアイ、イボウミニナ、アラムシロといった巻貝類、それに著者が一九八一年まで確実に生息することを確認している有肺類ドロアワモチ科のドロア

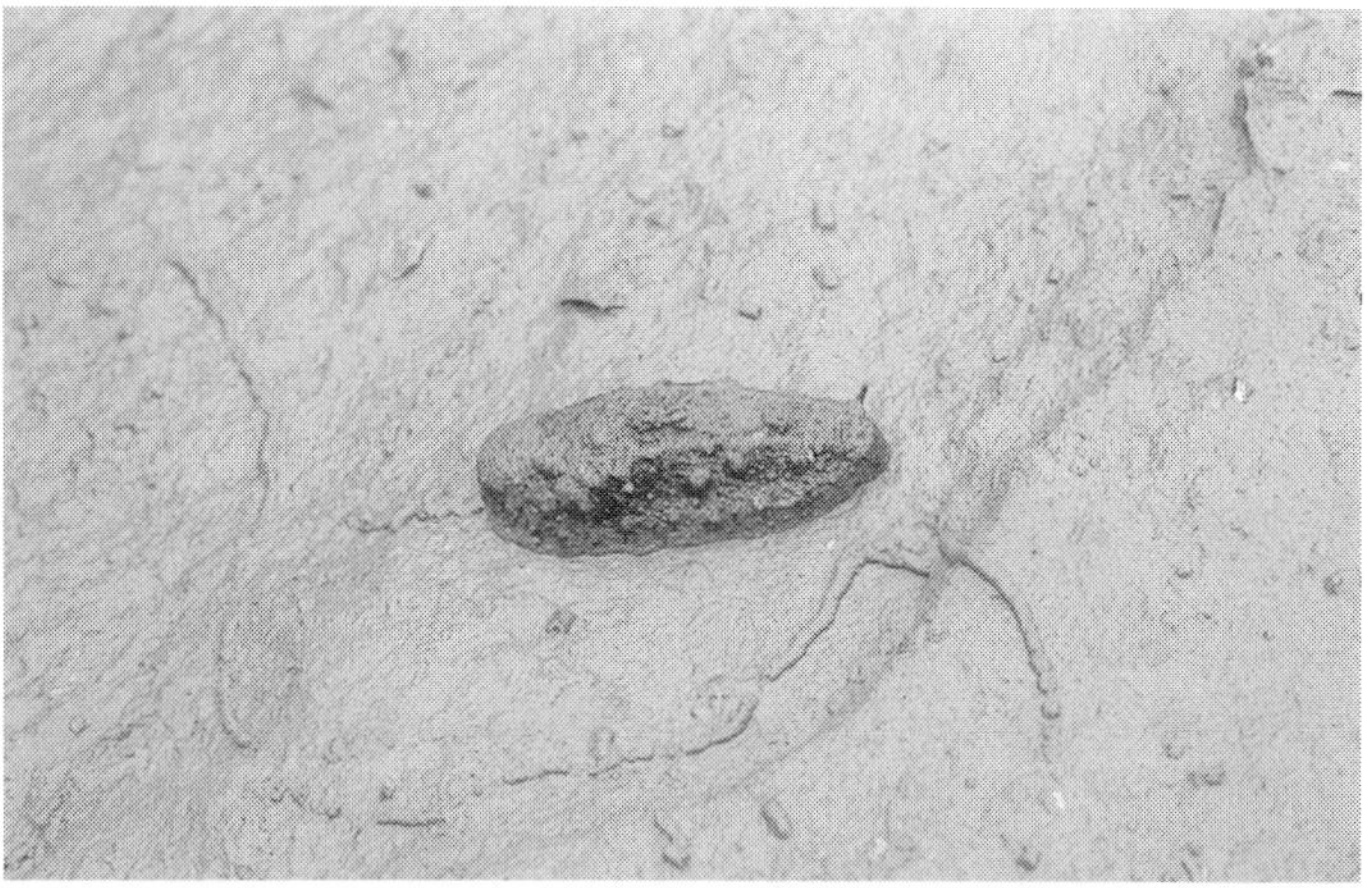

図 87　軟体動物有肺類のドロアワモチ *Onchidium hongkongensis*．体長：6cm まで．分布：沖縄．

図 88　干潟表上に突き出るツバサゴカイ *Chaeteopterus variipedatus* の棲管．体長：20cm まで．分布：岩手県以南九州，汎世界．

ワモチ（図87）がある。田辺湾湾内にある畠島の潮間帯生物については、一九四九年より毎年行われた臨海実習の磯観察で確認された種の記録が、京大瀬戸臨海実験所に残っており、これによると、畠島の干潟で、一九五〇年代から一九七〇年代にかけて毎年確認されていながら、それ以降、現在（一九九八年）までまったく記録が途絶えているものに、U字型の棲管に住む多毛類、ツバサゴカイ（図88）、巻貝のウミニナ、それに二枚貝のハボウキガイがある。

それでは、干潟の生物各種が、全国的にみた場合どうなのであろう。一九九四年に、著者を含む一一名のベントス研究者が、干潟の底生動物四六五種について、アンケートと現地調査を併行して行い、全国からみた分布の状況をまとめた[5]。

種ごとの評価は、次の六ランクに区分して行った。絶滅：野生状態ではどこにも見あたらなくなった種。絶滅寸前：人為の影響如何にかかわらず、個体数が異常に減少し、放置すればやがて絶滅すると推定される種。危険：絶滅に向けて進行しているとみなされる種。今すぐ絶滅という危機に瀕するということはないが、現状では確実に絶滅の方向へ向かっていると判断されるもの。希少：特に絶滅を危惧されることはないが、もともと個体数が非常に少ない種。普通：個体数が多く、普通に見られる種。状況不明：最近の生息状況が乏しい種。

四六五種の評価付けの結果によると、八種がすでに日本から記録がないもの、つまり絶滅したとみなされ、五五種が絶滅寸前、二〇八種が危険な状態にあり、八二種が希少、三七種が現状不明で、合計三八九種が絶滅のおそれがあるものとなった。その内訳は、環形動物二種、ユムシ動物五種、軟体

図 89　オカミミガイ *Ellobium chinense*. 殻長：3.5cm まで. 分布：東京湾以南から九州，朝鮮半島，中国，台湾.

図 90　イボキサゴ *Umbonium moniliferum*. 殻長：1.6cm まで. 分布：東北以南から九州.

動物三四〇種、節足動物二九種、腕足動物二種、棘皮動物七種、半索動物七種、頭索動物一種で、軟体動物がその大半を占めている。

絶滅するおそれがあると評価された種は、大きく以下の五つに類別して示すことができる。

塩生湿地と結びついた種

ヨシを中心とする塩生植物は、干潟の上部、つまり潮間帯の上部から潮上帯にかけて発達するが、このゾーンは、護岸工事等により破壊されることが多く、それに伴い、塩生湿地がつくり出す多様な環境に依存して生息する種の減少を招来している。軟体動物では、ヒロクチカノコ、クロヘナタリ、シマヘナタリ、カワアイ、タケノコカワニナ、ワカウラツボ、オカミミガイ（図89）、ドロアワモチ、センベイアワモチなど、節足動物では、ウモレベンケイガニ、シオマネキ（図40）などのカニ類が挙げられる。

潮間帯中下部に分布する種

住み場所になる干潟があっても、各地で激減していることが明らかな種で、その原因としては、海水の汚染や潮干狩りなどの干潟の過剰な攪乱が考えられる。環形動物のツバサゴカイ（図88）、軟体動物のイボキサゴ（図90）、ウミニナ、イボウミニナ（図91）、バイ、ハイガイ、シオヤガイ（図92）、アツカガミ、ウラカガミ、節足動物のカブトガニ、腕足動物のミドリシャミセンガイ、棘皮動物のヒモイカリナマコ（図93）、半索動物のワダツミギボシムシなどが挙げられる。

図 91　イボウミニナ *Batillaria zonalis*．殻長：4cm まで．分布：三河湾以南の西部大平洋域．

図 92　シオヤガイ *Anomalocardia squamosa*．殻長：3cm まで．分布：紀伊半島以南から九州，インド－大平洋域．

大陸系強内湾性の種

有明海など、日本の沿岸では、もともと数少ない大型の内湾の干潟に分布するもので、諫早湾の締め切りにみられるような干拓事業が頻繁に行われてきたことで、このような強内湾型の干潟そのものの消失に伴い、絶滅が危惧される種。軟体動物のウミマイマイ、サキグロタマツメタ、ササゲミミエガイ、クマサルボウ、ハイガイ、アゲマキ、ウミタケ、スミノエガキ、節足動物のヒメケフサイソガニ、ハラグクレチゴガニ、アリアケガニ（図94）、腕足動物のオオシャミセンガイなどである。

帰化種に置き代わりつつある種

かつて北海道から九州の内湾や河口に数多く生息していたハマグリは、その分布は、九州北部や徳島県吉野川河口などに限られ、多くの地域では、帰化種のシナハマグリに置き代わっている。

寄生性の種

他種生物の体表や体内に寄生する種は、宿主生物そのものの減少に伴い、減少または絶滅に至っているものが多い。イカリナマコ類の体表に付着する二枚貝のヒナノズキンとヒノマルズキン、それにユムシ動物に寄生する世界で唯一の二枚貝とされる、ミドリユムシの体表に付着するミドリユムシヤドリガイは、絶滅したとみなされた。アナジャコの腹面に付着する二枚貝、マゴコロガイも産地が限られ（図95）、絶滅寸前と評価された。甲殻類では、ミサキギボシムシに共生するギボシマメガニや、シロナマコの体内に寄生するシロナマコガニなども、最近の情報がまったくないか、産地が限られ、

図93　ヒモイカリナマコ *Patinapta ooplax*. 体長：1.5cmまで. 分布：三浦半島以南から沖縄, 中国.

図94　有明海固有種のアリアケガニ *Cleistostoma dilatatum*. 甲長：1.4cmまで. 分布：有明海, 朝鮮半島, 中国.

絶滅が危惧される。

我々がまとめたこの干潟のレッドデータブックでは、日本で干潟が発達する八五ケ所の海岸（図96）ごとに、そこでの底生動物の生息状況も、併せてまとめている。その中から、底生動物相からみて、特に貴重とみられる干潟海岸に、次の地域が挙げられる。塩生湿地が発達し、日本では他に知られていない絶滅寸前の二枚貝、タカホコシラトリが分布する青森県下北郡六ヶ所村尾駮沼、および三沢市小川原湖、希少種ムツハアリアケガニが分布し、巻貝の多様性が高い神奈川県小網代干潟、ヒロクチカノコ、オカミミガイ、ワカウラツボといった希少巻貝が生息する三重県櫛田川河口、全国的に希少な種（例えば、オカミミガイ類、シマヘナタリ、クロヘナタリ、マゴコロガイ、ガブトガニ、ウモレベンケイガニ）が豊富に生息する山口湾周辺の干潟、希少種シオマネキが多産する徳島県吉野川河口、大陸系強内湾性生物の宝庫で、日本のほかの地域では、分布するところがほとんどない種（例えば、ハラグクレチゴガニ、アリアケガニ、シマヘナタリ、クロヘナタリ、ウミマイマイ）が豊富に見られる有明海奥部の干潟、ミドリシャミセンガイが潮間帯で見られる唯一の地域で、タテジマユムシ、ヒメギボシムシなどの貴重な種が生息する奄美大島笠利湾、そして、汽水性巻貝が豊富な沖縄本島羽地内海である。

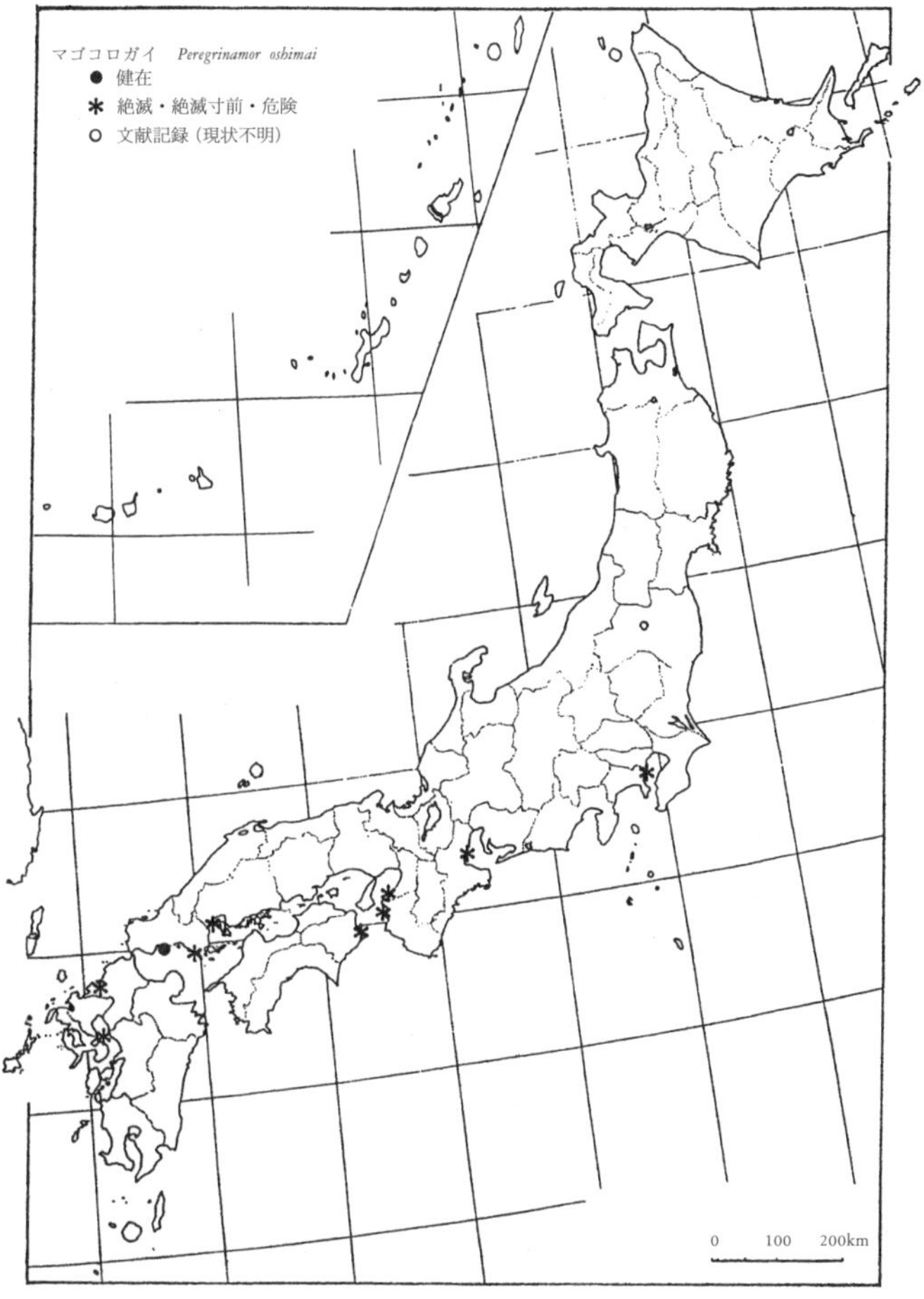

図 95　アナジャコに寄生する二枚貝，マゴコロガイの日本における分布の現状．（文献 5 より）

1. 北海道常呂町サロマ湖湖岸
2. 北海道網走市能取湖湖岸
3. 北海道標津町，野付町野付湾干潟
4. 北海道根室市風連湖湖岸　槍昔，白鳥台
5. 北海道根室市温根沼前
6. 北海道厚岸町厚岸湖
7. 青森県東津軽郡小湊浅所
8. 青森県下北郡六ヶ所村尾駮沼
9. 青森県下北郡六ヶ所村/三沢市小川原湖
10. 宮城県仙台市蒲生干潟
11. 宮城県亘理町鳥の海
12. 福島県相馬市松川浦
13. 千葉県一宮川河口
14. 千葉県木更津市小櫃川河口干潟
15. 千葉県三番瀬干潟
16. 千葉県習志野市谷津干潟
17. 東京都葛西沖干潟
18. 神奈川県小網代干潟
19. 神奈川県相模川河口干潟
20. 静岡県浜名湖いかり瀬干潟
21. 愛知県豊橋市/田原町汐川干潟
22. 愛知県一色干潟
23. 愛知県矢作川河口
24. 愛知県南知多町南知多ビーチランド前干潟
25. 愛知県藤前干潟
26. 三重県木曾三川河口域
27. 三重県津市安濃川・志登茂川河口干潟
28. 三重県松阪市櫛田川河口干潟
29. 大阪府大阪市淀川感潮域
30. 大阪府泉南市男里川河口
31. 兵庫県赤穂市千種川河口
32. 兵庫県高砂市加古川河口
33. 和歌山県和歌山市和歌川河口（和歌の浦）
34. 和歌山県広川町西広海岸
35. 和歌山県御坊市日高川河口
36. 和歌山県田辺市内之浦周辺
37. 和歌山県白浜町田辺湾奥立ヶ谷周辺
38. 和歌山県那智郡勝浦町湯川ゆかし潟
39. 岡山県岡山市水門町水門湾
40. 岡山県岡山市笠岡市笠岡湾
41. 岡山県倉敷市高梁川河口
42. 広島県三原沖細ノ洲（細ノ川）
43. 山口県光市島田川河口
44. 山口県下松市笠戸島小深浦
45. 山口県吉敷郡秋穂町中道〜秋穂〜山口市長浜
46. 山口県山口市椹野川河口
47. 山口県小野田市厚狭川河口
48. 山口県下関市小月，木屋川河口
49. 徳島県徳島市吉野川河口
50. 徳島県徳島市勝浦川河口
51. 徳島県阿南市/那賀郡那賀川河口
52. 高知県中村市四万十川河口
53. 福岡県北九州市曽根干潟
54. 福岡県福岡市東区和白干潟
55. 福岡県糸島郡前原町加布里湾
56. 有明海（福岡県/佐賀県/長崎県/熊本県）
57. 長崎県諫早湾
58. 熊本県本渡市茂木根
59. 熊本県大矢野町宮津
60. 熊本県天草郡松島町周辺
61. 熊本県松橋町不知火干潟
62. 大分県宇佐市和間海浜公園
63. 大分県臼杵市河口干潟
64. 宮崎県北浦町熊野江
65. 宮崎県串間市本城川・千野川河口
66. 鹿児島県姶良町重富海岸（別府川河口）
67. 鹿児島県姶良郡加治木町小浜
68. 鹿児島県薩摩郡上甑島浦内湾
69. 鹿児島県薩摩郡上甑島海鼠池・貝池
70. 鹿児島県奄美大島笠利湾
71. 鹿児島県奄美大島郡住用川河口
72. 鹿児島県大島郡瀬戸内町大島海峡沿岸
73. 沖縄県沖縄本島国頭郡大宣味村塩谷大保大川河口
74. 沖縄県沖縄本島羽地内海
75. 沖縄県沖縄本島国頭郡東村慶佐治川河口
76. 沖縄県沖縄本島名護市大浦川河口
77. 沖縄県沖縄本島金武町億首川河口
78. 沖縄県宮古島平良市久松漁港ー久松松原
79. 沖縄県石垣島宮良川・磯部川河口
80. 沖縄県石垣島島崎枝
81. 沖縄県石垣島川平湾
82. 沖縄県石垣島名蔵アンパル
83. 沖縄県西表島船浦
84. 沖縄県西表島星立・白浜
85. 沖縄県西表島仲間川・後良川・前良川河口

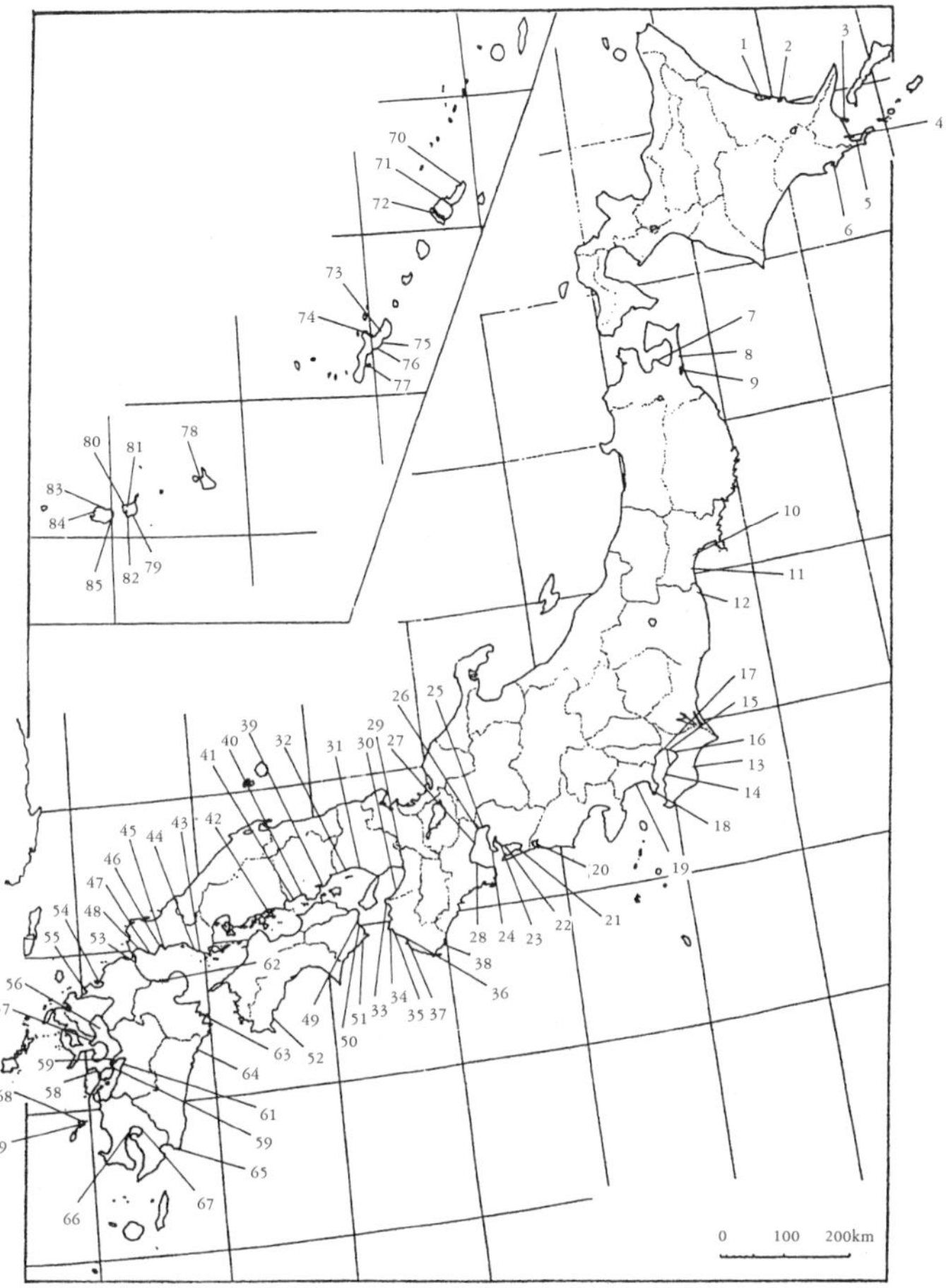

図96　干潟のレッドデータブックで取り上げられた全国85ケ所の干潟海岸.

〈閑 話9〉

―ドロアワモチの消失―

泥干潟の表面を匍匐するナメクジ状の軟体動物ドロアワモチは、私が干潟で研究を始めた頃、和歌山県の田辺湾湾奥の干潟にたくさん生息していた。しかし、一九八一年頃を境に、本種は、田辺湾の干潟でまったく目にすることはなくなった。たくさんいるのを見ていた時は、まさかこの種が田辺湾から消失してしまうものとは思いもよらず、標本すら採っていなかった。かろうじてスライド写真のみ撮っていたのだが、この写真がなんと本州にこの種がいたという唯一の証拠になったのである。干潟のレッドデータブックをまとめた一九九四年の時点で、本種の沖縄以外での生息記録は得られず、九州以北では絶滅したと評価されたのだ。そして私の写真だけが、本州にいたという過去のデータになってしまった。しかし、本種は、干潟表面にカムフラージュしたような形状と色合いをしており、意外と目に止まることがないので、きっと本州や四国、九州のどこかの干潟で、生き長らえているように思えてならない。私はむしろそうあることを望むのである。

3　干潟の生物減少の人為的要因と保全の方途

干潟の生物の保全を考えるためには、種の絶滅をもたらしている人為的要因を取り上げ、そのような要因を与えないようにすることが最良である。その要因の最も大きなものは、埋め立てである。全国で一九七八年以降消滅した干潟の面積三八五七ヘクタールのうち、その四二パーセントが埋め立てによるものである。図97に、東京湾における平成七（一九九五）年の埋め立て地の分布と、明治期における干潟の分布が示されている。東京湾の干潟のほとんどが、埋め立てによりなくなってしまったことがよくわかる。有明海諫早湾の締切りも、最近では、珍しく大規模な干潟の埋め立てであり、これにより大陸系強内湾性の種が日本からいなくなる日を早めることとなった。

埋め立てがなくとも、干潟の上部に造られる人工護岸が、日本の海岸線を被うようになった。人工護岸が、干潟上部に発達する塩生湿地をこわすことになって、この塩生湿地がつくる多様な環境に依存する生物を絶滅に追いやることになる。

干潟を被う水塊の汚れも大きい。川を通じてもたらされる栄養塩類や有機物による富栄養化、重金属・石油・合成洗剤・農薬などの有害汚染物質が複合的に働いて、様々な生物に悪影響を与えている。

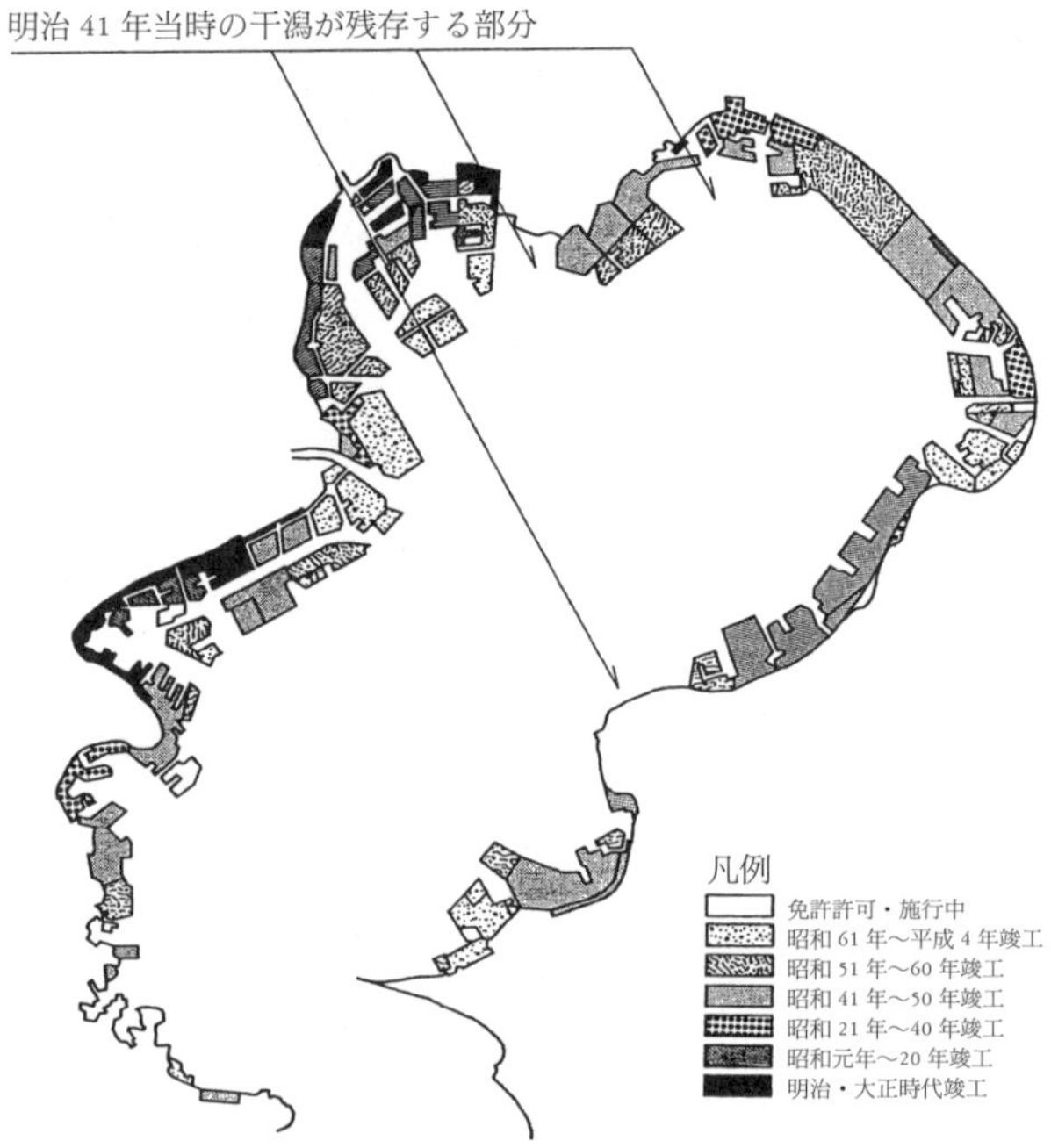

平成7年（1995年）の東京湾

（文献6より）

その影響は、底生動物でも、ろ過食者や浮遊幼生に特に強いとみられる。漁網や船底に防汚剤として塗られる有機スズは、極めて低濃度で、海の生物の発生に異常をもたらし、軟体動物腹足類では、雌に雄性器官が生じるいわゆるインポセックスを誘発させ、個体群の絶滅を導く。

陸上部の開発が干潟に及ぶものに赤土などの土砂の流入がある。宅地造成や土地改良などの工事により、干潟に流

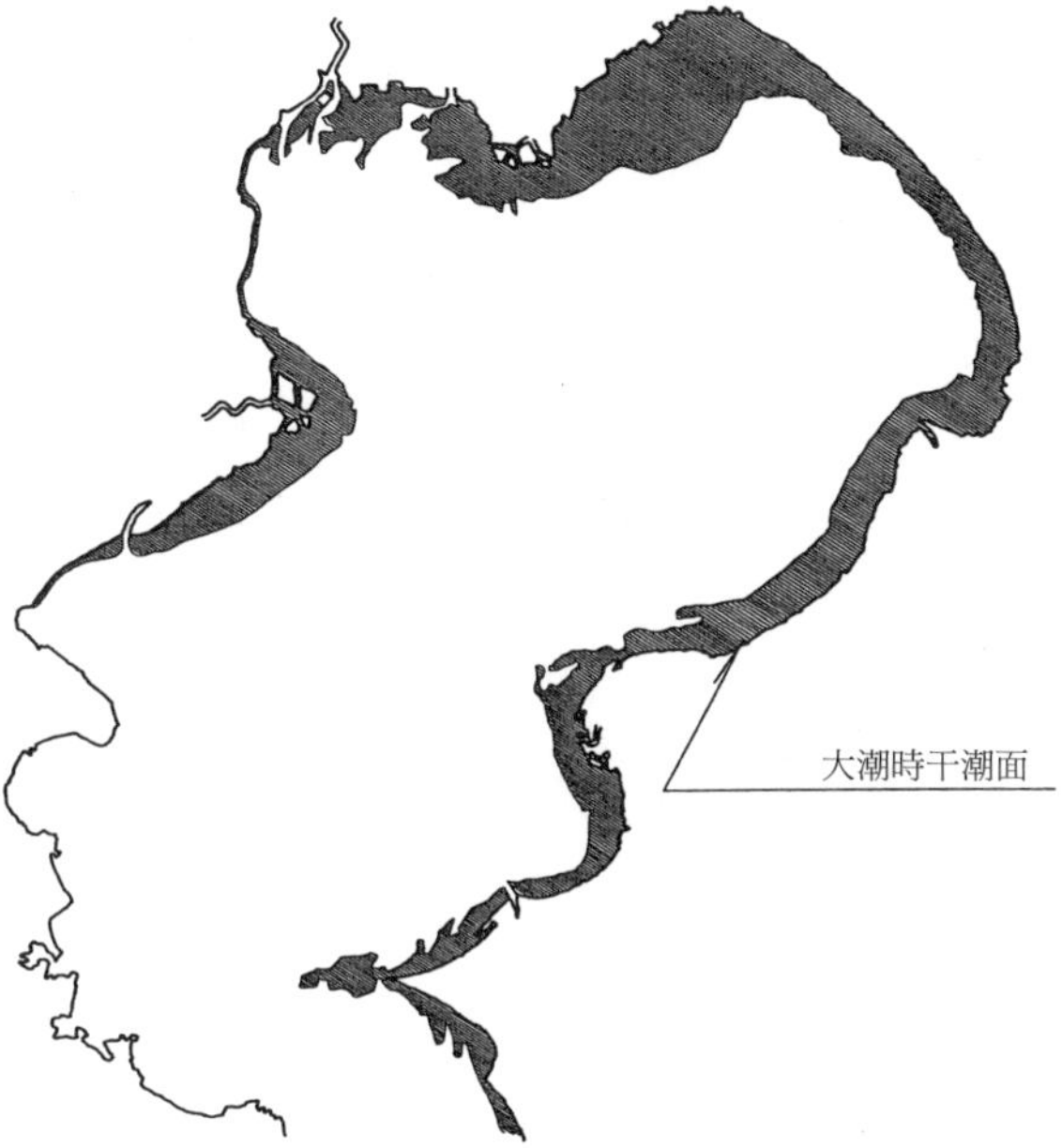

明治 41 年 (1908 年) の東京湾

図 97　東京湾における明治期の干潟の分布と，平成 7 年の埋立地の分布.

入した赤土は、底質の泥質化をもたらし、底土の無酸素化を促進する。また赤土の懸濁により、ろ過食の底生動物は、その摂餌に支障をきたす。

干潟の生物を食料や釣り餌のために採ることによる干潟の掘り返しの影響も大きい。潮干狩りが、その最たるものだが、そのほかに釣り餌として、ゴカイやコメツキガニ、アナジャコ類を採るのに、干潟が広範囲かつ永続的に攪乱されることで、永続性の巣穴を形成する底

図 98　紀伊半島西岸に，飛び地状に位置する干潟海岸と，その中の各海岸に固有の底生動物種.

生動物（例えばツバサゴカイやミドリシャミセンガイ）に特に悪影響をもたらす。実際に、干潟を定期的に攪乱させた場合、二ヶ月半後という短い期間でも、底生動物は、その多様性も密度もすべて低下することが報告されている。[7]

　川と海の連続性を断つ河口堰の建設は、干潟域の生物相に、塩分濃度変化や底質変化を通じて影響する。堰の建設により、堰下流では、塩分が高くなり、かつ有機物の堆積が進みやすくなることで、汽水域固有の底生動物であるヤマトシジミなどは大きな影響を受ける。

　帰化種の侵入も、在来種の消滅に関わっているとみられる。在来種と帰化種の間でどのような競争関係があるかは不明だが、各地でシナハマグリの種苗散布が行われたため、在来のハマグリが非常に稀な種になってしまっている。

干潟の生物を保全する上で、このような人為的要因をなくすことに加えて、考慮しなければならない視点がある。それは、干潟の底生動物は、実際には、日本の沿岸域で干潟のある地域ごとに分断されて出現し、しかも各地間で、同じような干潟環境をもっていても分布する種が異なるという特徴をもつことである。例えば、著者が長年調査している紀伊半島西岸に散在する干潟海岸を例に、このことを示してみよう。北から紀ノ川河口、和歌川河口、日高川河口、そして田辺湾湾奥（図98）と、まとまった干潟が存在する海岸が続く中で、互いに比較的近い位置にありながら、その地域にしか分布しない種がある。和歌川河口では、ウミニナ、イボウミニナ、ヘナタリ、アラムシロといった巻貝、日高川河口では、巻貝のカワアイ、そして田辺湾では、棘皮動物のヒモイカリナマコ、半索動物のワダツミギボシムシである。このことは、干潟の底生動物は、個々の地域との結びつき、すなわち地域固有性が強いことを示しており、一つの地域で消滅した種が、他の地域に生息することを期待するのはむずかしいことを意味している。すなわち、干潟の生物の多様性は、個々の干潟海岸の存在により維持されているのであり、小規模であっても、今残っている各地の干潟海岸をこわすことのないようにすることが、干潟の生物種を絶滅させない最も重要な保全の道と言える。

一旦失われた干潟を新たに造る人工干潟の造成が、一九七三年以降各地で行われており、その総面積は約九〇〇ヘクタールに及ぶとも言われている。[6] しかし、干潟そのものは造られても、そこの生物を元のように回復させることは不可能である。あくまでも今ある干潟をなくさず、そしてそこにいる生物への悪影響を与える要因をつくらないようにすることが最重視されるべき保全の方途であろう。

あとがき

私が生まれて最初に干潟に足を踏み入れたのは、記憶にあるのは、小学生の時である。山部赤人が詠ったあの和歌の浦の干潟で、父に連れられて行った汐干狩り。アサリだけでなく、きれいなハマグリまで採れたのをありありと覚えている。ところどころに穴があいていて、中にいる生物が何かわからないままであったが、今その穴の持ち主を一生懸命研究する羽目になっている。

しかし、私の生物への関心は、昆虫に支配されていた。捕虫網、たたき網、毒瓶をもって山野を飛び回っていたのが、生物学、特に生態学を志すきっかけになった。

大学では、動物生態学研究室を選び、昆虫の生態をやらせてもらうことしか頭になかったが、当時の指導教官である栗原康先生に、干潟のベントスをやることを勧められた。これが、結局、私が干潟を研究場所にして現在に至る最初のきっかけになっている。その栗原先生は、名著『干潟は生きている』を著されており、今私が『干潟の自然史』なる似たタイトルの本を執筆することに、なんともいえぬ気恥ずかしさを覚えている。

栗原先生の指導下で、私は、仙台市の七北田川河口にある、渡り鳥の渡来地として有名な蒲生干潟で、カニ類を中心としたベントスの分布を研究テーマにした。そして、大学院へ進学してからは、再び生まれ故郷の和歌の浦の干潟を研究場所とすることになった。

和歌の浦での野外調査では、干潟で様々なトラブルを体験している。ゴルフボールが飛んできて、干潟の上にいる私の頭に命中したこと。ゴミを岸から投げられ、けがをしそうになったこと。もちろん投げた人は、下の干潟に人間がいるとは思っていなかったはず。干潟の泥に足をとられ、動けなくなって漁師に助けてもらったこと。干潟のアシ原をかきわけていたら、お楽しみ中のアベックにでくわしたこと。干潟に近づくため、干潟に隣接してある学校の校庭に入ったら、女子中学生の制服を盗む不審者に間違われたこと。とにかく数えればきりがない。しかしいずれもが、人間社会との接点を表している。干潟は、人間社会に最も近いところにできる海岸地形だからである。

干潟のベントスの主役は、カニ、貝、ゴカイであるが、私は、主にスナガニ類を研究対象として、蒲生干潟、和歌の浦と研究を進め、研究場所はさらに、和歌山県の田辺湾から沖縄へと伸び、いつの間にか、韓国、台湾、ベトナム、タイ、インドネシア、オーストラリア、パナマといった国外へも飛び回ることになる。研究内容も、生態学から、行動学、生物地理学、系統分類学に及んだ。しかし、研究対象は、干潟のスナガニ類に固執し続けてきた。

私のこれまでの研究スタイルは、結局対象の動物をまず見て、それが示す様々な現象をどう理解するかという問い掛けでできている。学問は、論理体系が柱であって、動物はあくまでも材料であるという研究スタイルの方が普通であろう。当然、研究の動機は、まず理論から入ることになる。しかし、人間が考え付かない理論をつくるきっかけは、やはり新しい生物現象を見出すことしかない。それは、対象生物にこだわり、かれらの生活なりを見続けることである。スナガニ類でしか理解できない生活の仕方、あるいは、スナガニ類の生活から、今まで考えられなかった生命観が、少しは見えてきたと思っている。それこそが、自然史学というものであろう。それは、生物にどういう種がいるかということだけでなく、生物のもっている形態、生態、行動の多様性を知る学問であろう。

この研究スタイルを軸にして、本書は、私自身の研究成果と、関連する情報を含めて、干潟底生動物の自然史としてまとめてみた。結果として、スナガニ類の知見に片寄り過ぎたきらいがあるが、少しでも、干潟のベントスが見せる生物現象の面白さにふれることができるなら、著者として本望である。

本書を執筆するに当たり、日本におけるベントス研究の重鎮、北海道大学水産学部の五嶋聖治博士と長崎大学水産学部の玉置昭夫博士から貴重な情報をいただいた。厚くお礼申し述べたい。

私が、本書を書く土台は、これまで私が接してきた先生、先輩、同輩、後輩にすべてを負っている。特に、これまで所属してきた機関の、東北大学、京都大学大学院、京都大学理学部附属瀬戸臨海実験所、そして現勤務地の奈良女子大学の諸先生、先輩、同輩、後輩、それに学生諸氏に、深く感謝の意を表したい。

最後に、出版にあたってお世話になった京都大学学術出版会の鈴木哲也、高垣重和の両氏に、厚くお礼申し上げる。

平成一一年一二月

		Ilyoplax dentimerosa
		Ilyoplax tansuiensis
		Ilyoplax orientalis
		Ilyoplax serrata
		Ilyoplax strigicarpa
腕足動物門 Brachiopoda		
無関節綱 Inarticulata		
	シャミセンガイ科 Lingulidae	シャミセンガイ類
		ミドリシャミセンガイ
棘皮動物門 Echinodermata		
ナマコ綱 Holothuroidea		
	イカリナマコ科 Synaptidae	イカリナマコ類
		ヒモイカリナマコ
	カウデイナ科 Caudinidae	シロナマコ
半索動物門 Hemichordata		
ギボシムシ綱 Enteropneusta		ワダツミギボシムシ
		ヒメギボシムシ
脊索動物門 Chordata		
硬骨魚綱 Osteichthyes		
	ハゼ科 Gobiidae	トビハゼ
		ムツゴロウ
		ワラスボ

Uca princeps

Uca panamensis

Uca pugnax

Uca pugilator

Uca panacea

Uca beebei

Uca stenodactylus

Uca musica

Uca latimanus

ホンメナガオサガニ

ヒゲメナガオサガニ

オサガニ

フタハオサガニ

ヤマトオサガニ

ヒメヤマトオサガニ

ナカグスクオサガニ

ヒメカクオサガニ

ノコハオサガニ

タイワンヒメオサガニ

アリアケガニ

ムツハアリアケガニ

カワスナガニ

トンダカワスナガニ

アリアケモドキ

コメツキガニ

Scopimera inflata

Dotilla fenestrata

チゴガニ

ハラグクレチゴガニ

ミナミチゴガニ

Ilyoplax pingi

Ilyoplax ningpoensis

ハマトビムシ科 Talitridae	
スナハマトビムシ属 *Talorchestia*	
	スナハマトビムシ類
ワレカラ亜目 Caprellidea	ワレカラ類
十脚目 Decapoda	
クルマエビ科 Penaeidae	クルマエビ
	Penaeus setiforus
テッポウエビ科 Alpheidae	マングローブテッポウエビ
オキナワアナジャコ科 Thalassinidae	オキナワアナジャコ
スナモグリ科 Callianassidae	ニホンスナモグリ
	ハルマンスナモグリ
アナジャコ科 Upogebiidae	アナジャコ
コブシガニ科 Leucosiidae	マメコブシガニ
ガザミ科 Portunidae	タイワンガザミ
オウギガニ科 Xanthidae	オウギガニ類
イワガニ科 Grapsidae	イワガニ類
	タイワンヒライソモドキ
	ヒメヒライソモドキ
	ケフサイソガニ
	ヒメケフサイソガニ
	ヒメアシハラガニ
	ウモレベンケイガニ
カクレガニ科 Pinnotheridae	シロナマコガニ
スナガニ科 Ocypodidae	*Heloecius cordiformis*
	スナガニ
	Ocypode quadrata
	シオマネキ
	ヒメシオマネキ
	ルリマダラシオマネキ
	ハクセンシオマネキ
	オキナワハクセンシオマネキ
	Uca tangeri

ニオガイ科 Pholadidae	ウミタケ
フナクイムシ科 Teredinidae	フナクイムシ類
オキナガイ科 Laternulidae	ソトオリガイ
環形動物門 Annelida	
多毛綱 Polychaeta	
ゴカイ科 Nereididae	イソゴカイ
	ゴカイ
	Nereis diversicolor
ナナテイソメ科 Onuphidae	スゴカイイソメ
ツバサゴカイ科 Chaetopteridae	ツバサゴカイ
	ムギワラムシ
ミズヒキゴカイ科 Cirratulidae	ミズヒキゴカイ
イトゴカイ科 Capitellidae	*Capitella capitata*
ユムシ動物門 Echiura	
キタユムシ科 Echiuridae	ミドリユムシ
	タテジマユムシ
星口動物門 Sipuncula	
スジホシムシ科 Sipunculidae	スジホシムシモドキ
節足動物門 Arthropoda	
剣尾綱 Xiphosura	
カブトガニ科 Limulidae	カブトガニ
甲殻綱 Crustacea	
ソコミジンコ目 Harpacticoida	ソコミジンコ類
等脚目 Isopoda	
コツブムシ科 Sphaeromatidae	イワホリコツブムシ
	Sphaeroma terebrans
キクイムシ科 Limnoriidae	キクイムシ類
端脚目 Amphipoda	
ユンボソコエビ科 Aoridae	*Leptocheirus pinguis*
ドロクダムシ科 Corophiidae	*Corophium volutator*
キクイモドキ科 Cheluridae	キクイモドキ類
メリタヨコエビ科 Melitidae	*Casco bigelowi*

ワカウラツボ科 Iravadiidae	ワカウラツボ
カワザンショウ科 Assimideidae	カワザンショウ
タマガイ科 Naticidae	サキグロタマツメタ
ムシロガイ科 Nassariidae	アラムシロ
	Ilyanassa obsoleta
オカミミガイ科 Ellobidae	オカミミガイ
ドロアワモチ科 Onchidiidae	ドロアワモチ
	センベイアワモチ

二枚貝綱 Bivalvia

フネガイ科 Arcidae	クマサルボウ
	ハイガイ
	ササゲミミエガイ
ハボウキガイ科 Pinnidae	ハボウキガイ
イタボガキ科 Ostreidae	スミノエガキ
ブンブクヤドリガイ科 Montacutidae	マゴコロガイ
	ミドリユムシヤドリガイ
	ヒナノズキン
	ヒノマルズキン
ウロコガイ科 Galeommatidae	オサガニヤドリガイ
バカガイ科 Mactridae	バカガイ
ニッコウガイ科 Tellinidae	タカホコシラトリ
	Tellina tenuis
シオサザナミガイ科 Psammobiidae	イソシジミ
ナタマメガイ科 Pharellidae	アゲマキ
マルスダレガイ科 Veneridae	シオヤガイ
	アサリ
	アツカガミ
	ウラカガミ
	ハマグリ
	シナハマグリ
	オキシジミ
オオノガイ科 Myidae	オオノガイ

本書で取り上げられた主な底生動物種の分類的位置

刺胞動物門 Cnidaria	
ヒドロ虫綱 Hydrozoa	ヒドロ虫類
花虫綱 Anthozoa	
六放サンゴ亜綱 Hexacorallia	オヨギイソギンチャク
扁形動物門 Platyhelminthes	
渦虫綱 Turbellaria	ウズムシ類
吸虫綱 Trematoda	*Gynaecotyla adunca*
紐形動物門 Nemertea	ヒモムシ類
線形動物門 Nematoda	線虫類
軟体動物門 Mollusca	
腹足綱 Gastropoda	
ニシキウズ科 Trochidae	イボキサゴ
アマオブネ科 Neritidae	イシマキガイ
	ヒロクチカノコ
タマキビ科 Littorinidae	*Littorina saxatilis*
Hydrobiidae	*Hydrobia totteni*
	Hydrobia ulvae
	Hydrobia ventrosa
ウミニナ科 Batillaridae	ホソウミニナ
	ウミニナ
	イボウミニナ
フトヘナタリ科 Cerithideidae	クロヘナタリ
	シマヘナタリ
	フトヘナタリ
	ヘナタリ
	カワアイ
	Cerithidea californica
キバウミニナ科 Potamididae	キバウミニナ
トゲカワニナ科 Thiaridae	タケノコカワニナ

読書案内

『干潟の生物観察ハンドブック　干潟の生態学入門』(秋山章男・松田道生著), 東洋館出版社, 東京, 1974.

『干潟は生きている』(栗原康著), 岩波書店, 東京, 1980.

『有明海　自然・生物・観察ガイド』(菅野徹著), 東海大学出版会, 東京, 1981.

『河口・沿岸域の生態学とエコテクノロジー』(栗原康編), 東海大学出版会, 東京, 1988.

『和白干潟の生きものたち』(逸見泰久著), 海鳴社, 福岡, 1994.

『干潟のカニの自然誌』(小野勇一著), 平凡社, 東京, 1995.

『西日本の干潟── 生命あふれる最後の楽園 ──』(山下弘文著), 南方新社, 鹿児島, 1996.

『河川感潮域── その自然と変貌 ──』(西條八束・奥田節夫編), 名古屋大学出版会, 名古屋, 1997.

『日本の渚── 失われゆく海辺の自然 ──』(加藤真著), 岩波書店, 東京, 1999.

『潮間帯の生態学　上下』(デイヴィッド, ラファエリ・スティーヴン, ホーキンズ著, 朝倉彰訳), 文一総合出版, 東京, 1999.

『エスチャリーの生態学』(ドナルド・マクラスキー著, 中田喜三郎訳), 生物研究社, 東京, 1999.

干潟・浅場の浄化機能の経済的評価」,『海洋と生物』, 115号, 132-137頁.
（2） 辻幸一（1980）「小櫃川河口干潟の魚類 —— 特に河口干潟の利用と生活について ——」, 東邦大学理学部海洋生物学研究室・千葉県生物学会（編）『千葉県木更津市小櫃川河口干潟の生態学的研究 I』
（3） Gunter, G. (1961) Some relations of estuarine organisms to salinity. Limnology and Oceanography, 6: 182-190.
（4） 波部忠重（1950）「田辺湾に於ける貝類の生態的分布」,『貝類学雑誌』, 16, 13-18頁.
（5） 和田恵次・西平守孝・風呂田利夫・野島哲・山西良平・西川輝昭・五嶋聖治・鈴木孝男・加藤真・島村賢正・福田宏（1996）「日本における干潟海岸とそこに生息する底生動物の現状」,『WWF Japan サイエンスレポート』, 3巻, 1-182頁.
（6） 運輸省港湾局（1998）『港湾における干潟との共生マニュアル』,財団法人港湾空間高度化センター 港湾・海域環境研究所.
（7） Brown, B. & Wilson, Jr. W. H. (1997) The role of commercial digging of mudflats as an agent for change of infaunal intertidal populations. Journal of Experimental Marine Biology and Ecology, 218: 49-61.

第六章

（1） Fukui, Y., Wada, K. & Wang, C. H. (1989) Ocypodidae, Mictyridae and Grapsidae (Crustacea: Brachyura) from some coasts of Taiwan. Journal of Taiwan Museum, 42: 225-238.

（2） Kitaura, J., Wada, K. & Nishida, M. (1998) Molecular phylogeny and evolution of unique mud-using territorial behavior in ocypodid crabs (Crustacea: Brachyura: Ocypodidae). Molecular Biology and Evolution, 15: 626-637.

（3） Sturmbauer, C., Levinton, J. S. & Christy, J. (1996) Molecular phylogeny analysis of fiddler crabs: test of the hypothesis of increasing behavioral complexity in evolution. Proceedings of the Natural Academy of Science, USA 93: 10855-10857.

（4） Via Boada, L. (1980) Ocypodoidea (Crustacês Dêcapodes) du Cênozoïque Mêditerranêen Origine et êvolution de cette superfamille. Annales de Paleontologie (Invertebres), 66: 51-66.

（5） Müller, P. (1998) Decapde Crustacea aus dem Karpat des Korneuburger Beckens (Unter-Miozän, Niederösterreich). Beitrage zur Paläontologie, 23: 273-281.

（6） Karasawa, H. & Inoue, K. (1992) Decapod crustaceans from the Miocene Kukinaga Group, Tanegashima Island, Kyushu, Japan. Tertiary Research, 14: 73-96.

（7） Crane, J. (1975) *Fiddler Crabs of the World*, Princeton University Press.

（8） Salmon, M. & Zucker, N. (1987) Interpreting differences in the reproductive behaviour of fiddler crabs (Genus Uca). In G. Chelazzi & M. Vannini (eds.) *NATO Advanced Research Workshop on Behavioural Adaptations to Intertidal Life*, Plenum Press.

（9） Levinton, J., Sturmbauer, C. & Christy, J. (1996) Molecular data and biogeography: resolution of a controversy over evolutionary history of a pan-tropical group of invertebrates. Journal of Experimental Marine Biology and Ecology, 203: 117-131.

第七章

（1） 佐々木克之（1998）「内湾および干潟における物質循環と生物生産㉖

(14) Wada, K., Choe, B. L. & Park, J. (1997) Interspecific burrow association in ocypodid crabs: utilization of burrows of *Macrophthalmus banzai* by *Ilyoplax pingi*. Benthos Research, 52: 15-20.

(15) Kato, M. & Itani, G. (1995) Commensalism of a bivalve, *Peregrinamor ohshimai*, with a thalassinidean burrowing shrimp, *Upogebia major*. Journal of marine biological Association of United Kingdom, 75: 941-947.

(16) Kosuge, T. & Itani, G. (1994) A record of the crab associated bivalve, *Pseudopythina macrophthalmensis* from Iriomote Island, Okinawa, Japan. Venus, 53: 241-244.

(17) Takeda, S., Tamura, S. & Washio, M. (1997) Relationship between the pea crab *Pinnixa tumida* and its endobenthic holothurian host *Paracaudina chilensis*. Marine Ecology Progress Series, 149: 143-153.

(18) Curtis, L. A. (1990) Parasitism and the movements of intertidal gastropod individuals. Biological Bulletin, 179: 105-112.

(19) Lafferty, K. D. (1993) The marine snail, *Cerithidea californica* matures at smaller sizes where parasitism is high. Oikos, 18: 3-11.

(20) Bertness, M. D. (1985) Fiddler crab regulation of *Spartina alternifera* production on a New England salt marsh. Ecology, 66: 1042-1055.

(21) Smith III, T. J., Boto, K. G., Frusher, S. D. & Giddins, R. L. (1991) Keystone species and mangrove forest dynamics: the influence of burrowing by crabs on soil nutrient status and forest productivity. Estuarine, Coastal and Shelf Science, 33: 419-432.

(22) Robertson, A. I. (1986) Leaf-burying crabs: their influence on energy flow and export from mixed mangrove forests (*Rhizophora* spp.) in northeastern Australia. Journal of Experimental Marine Biology and Ecology, 102: 237-248.

(23) Nishihira, M. (1983) Grazing of the mangrove litters by *Terebralia palustris* (Gastropoda: Potamididae) in the Okinawan mangal: preliminary report. Galaxea, 2: 45-58.

(24) Wada, K. & Wowor, D. (1989) Foraging on mangrove pneumatophores by ocypodid crabs. Journal of Experimental Marine Biology and Ecology, 134: 89-100.

365: 233–239.

(2) Koga, T., Goshima, S., Murai, M. & Poovachiranon, S. (1995) Predation and cannibalism by the male fiddler crab *Uca tetragonon*. Journal of Ethology, 13: 181–183.

(3) 諸喜田茂充・天久尊哉・吉田裕之・盛島秀紀 (1988)「沖縄のマングローブ域における魚類相とその食性」,『環境科学研究報告集』, B-344-R-12-04, 61–76 頁.

(4) Tamaki, A., Miyamoto, S., Yamazaki, T., & Nojima, S. (1992) Abundance pattern of the ghost shrimp *Callianassa japonica* Ortmann (Thalassinidea) and the snake eel *Pisodonophis cancrivorus* (Richardson) (Pisces, Ophichthidae) and their possible interaction on an intertidal sand flat. Benthos Research, 43: 11–22.

(5) Macintosh, D. J. (1979) Predation of fiddler crabs [*Uca* spp] in estuarine mangroves. Biotropica, Special Publications, 10: 101–110.

(6) Bildstein, K., McDowell, S. G. & Brisbin, I. L. (1989) Consequences of sexual dimorphism in sand fiddler crabs, *Uca pugilator*: differential vulnerability to avian predation. Animal Behaviour, 37: 133–139.

(7) Backwell, P. Y., O'hara, P. D. & Christy, J. H. (1998) Prey availability and selective foraging in shore birds. Animal Behaviour, 55: 1659–1667.

(8) Wada, K. (1983) Temporal changes of spatial distributions of *Scopimera globosa* and *Ilyoplax pusillus* (Decapoda: Ocypodidae) at co-occurring areas. Japanese Journal of Ecology, 33: 1–9.

(9) Levinton, J. S. (1985) Complex interactions of a deposit feeder with its resources: roles of density, a competitor, and detrital addition in growth and survival of the mudsnail *Hydrobia totteni*. Marine Ecology Progress Series, 22: 31–40.

(10) Gorbushin, A. M. (1996) The enigma of a mud snail shell growth: asymmetrical competition or character displacement? Oikos, 77: 85–92.

(11) Fenchel, T. (1975) Character displacement and coexistence in mud snails (Hydrobiidae). Oecologia, 20: 19–32.

(12) Warner, G. F. (1969) The occurrence and distribution of crabs in a Jamaican mangrove swamp. Journal of Animal Ecology, 38: 379–389.

(13) Macnae, W. (1968) A general account of the fauna and flora of mangrove swamps and forests in the Indo-west-Pacific region. Advances in Marine Biology, 6: 73–270.

(Brachyura: Ocypodidae). Journal of Crustacean Biology, 13: 134–137.

(29) Wada, K. (1981) Growth, breeding, and recruitment in *Scopimera globosa* and *Ilyoplax pusillus* (Crustacea: Ocypodidae) in the estuary of Waka River, middle Japan. Publications of the Seto Marine Biological Laboratory, 26: 243–259.

(30) Wada, K., Choe, B. L., Park, J. K. & Yum, S. S. (1996) Population and reproductive biology of *Ilyoplax pinigi* and *I. dentimerosa* (Brachyura: Ocypodidae). Crustacean Research, 25: 44–53.

(31) Christy, J. H. (1995) Mimicry, mate choice, and the sensory trap hypothesis. The American Naturalist, 146: 171–181.

(32) Christy, J. H. (1988) Pillar function in the fiddler crab *Uca beebei* (II): comparative courtship signaling. Ethology, 78: 113–128.

(33) Aoki, M. (1997) Comparative study of mother-young association in caprellid amphipods: is maternal care effective? Journal of Crustacean Biology, 17: 447–458.

(34) Thiel, M. (1997) Reproductive biology of a filter-feeding amphipod, *Leptocheirus pinguis*, with extended parental care. Marine Biology, 130: 249–258.

(35) Thiel, M. (1998) Reproductive biology of a deposit-feeding amphipod, *Casco bigelowi*, with extended parental care. Marine Biology, 132: 107–116.

(36) Thiel. M. (1999) Duration of extended parental care in marine amphipods. Journal of Crustacean Biology, 19: 60–71.

(37) Thiel, M. (1999) Extended parental care in marine amphipods II. Maternal protection of juveniles from predation. Journal of Experimental Marine Biology and Ecology, 234: 235–253.

(38) Shillaker, R. O. & Moore, P. G. (1987) The biology of brooding in the amphipods *Lembos websteri* Bate and *Corophium bonnellii* Milne Edwards. Journal of Experimental Marine Biology and Ecology, 110: 113–132.

(39) Thiel, M. in press Parental care behavior in the wood-boring isopod *Sphaeroma terebrans* Bate, 1866. Crustacean Issues.

第五章

(1) Christy, J. H., Goshima, S., Backwell, P. R. Y. & Kreuter, T. J. (1998) Nemertean predation on the tropical fiddler crab *Uca musica*. Hydrobiologia,

(15) Crane, J. (1957) Basic pattterns of display in fiddler crabs (Ocypodidae, genus *Uca*). Zoologica, 42: 69–82.

(16) Moriito, M. & Wada, K. (1997) When is waving performed in the ocypodid crab *Scopimera globosa*? Crustacean Research, 26: 47–55.

(17) Moriito, M. & Wada, K. in press The presence of neighbors affects waving display frequency by *Scopimera globosa* (Decapoda, Ocypodidae). Journal of Ethology

(18) Christy, J. H. & Salmon, M. (1991) Comparative studies of reproductive behavior in mantis shrimps and fiddler crabs. American Zoologist, 31: 329–337.

(19) Land, M. & Layne, J. (1995) The visual control of behaviour in fiddler crabs 1. Resolution, thresholds and the role of the horizon. Journal of Comparative Physiology A, 177: 81–90.

(20) von Hagen, H. O. (1962) Freiland studien zur Sexual-und Fortpflanzungs-biologie von *Uca tangeri* in Andalusien. Zeitschrift für Morphologie und Ökology der Tiere, 51: 611–725.

(21) Salmon, M. (1965) Waving display and sound production in *Uca pugilator*, with comparison to *U. minax* and *U. pugnax*. Zoologica, 50: 123–150.

(22) Salmon, M., Horch, K. & Hyatt, G. W. (1977) Barth's Myochordotonal organ as a receptor for auditory and vibrational stimuli in fiddler crabs (*Uca pugilator* and *U. minax*). Marine Behaviour and Physiology, 4: 187–194.

(23) Salmon, M., Hyatt, G., McCarthy, K. & Costlow, Jr., J. D. (1978) Display specificity and reproductive isolation in the fiddler crabs, *Uca panacea* and *U. pugilator*. Zeitschrift für Tierpsychologie, 48: 251–276.

(24) Salmon, M. & Hyatt, G. W. (1979) The development of acoustic display in the fiddler crab *Uca pugilator*, and its hybrids with *U. panacea*. Marine Behaviour and Physiology, 6: 197–209.

(25) 山口隆男 (1972)「ハクセンシオマネキの生態, II. 配偶行動」,『Calanus』, 3号, 38–53頁.

(26) Goshima, S. & Murai, M. (1988) Mating investment of male fiddler crabs, *Uca lactea*. Animal Behaviour, 36: 1249–1251.

(27) Murai, M., Goshima, S. & Henmi, Y. (1987) Analysis of the mating system of the fiddler crab, *Uca lactea*. Animal Behaviour, 35: 1334–1342.

(28) Koga, T., Henmi, Y. & Murai, M. (1993) Sperm competition and the assurance of underground copulation in the sand-bubbler crab *Scopimera globosa*

第四章

(1) Holme, N. A. (1950) Population dispersion in *Tellina tenius* Da Costa. Journal of marine Biological Association of United Kingdom, 29: 267–280.

(2) Green, J. (1968) The Biology of Estuarine Animals. Sidgwick & Jackson.

(3) Evans, S. M. (1973) A study of fighting reactions in some nereid polychaetes. Animal Behaviour, 21: 138–146.

(4) Wada, K. (1993) Territorial behavior, and sizes of home range and territory, in relation to sex and body size in *Ilyoplax pusilla* (Crustacea: Brachyura: Ocypodidae). Marine Biology, 115: 47–52.

(5) Zucker, N. (1977) Neighbor dislodgement and burrow-filling activities by male *Uca musica terpsichores*: a spacing mechanism. Marine Biology, 41: 281–286.

(6) Wada, K. (1987) Neighbor burrow-plugging in *Ilyoplax pusillus* (Crustacea: Brachyura: Ocypodidae). Marine Biology, 95: 299–303.

(7) Wada, K. & Park, J. K. (1995) Neighbor burrow-plugging in *Ilyoplax pingi* Shen, 1932 and *I. dentimerosa* Shen, 1932 (Decapoda, Brachyura, Ocypodidae). Crustaceana, 68: 524–526.

(8) Wada, K., Kosuge, T. & Trong, P. D. (1998) Barricade building and neighbor burrow-plugging in *Ilyoplax ningpoensis* (Brachyura, Ocypodidae). Crustaceana, 71: 663–671.

(9) Zucker, N. (1974) Shelter building as a means of reducing territory size in the fiddler crab, *Uca terpsichores* (Crustacea: Ocypodidae). The American Midland Naturalist, 91: 224–236.

(10) Zucker, N. (1981) The role of hood-building in defining territories and limiting combat in fiddler crabs. Animal Behaviour, 29: 387–395.

(11) Wada, K., Yum, S. S. & Park, J. K. (1994) Mound building in *Ilyoplax pingi* (Crustacea: Brachyura: Ocypodidae). Marine Biology, 121: 61–65.

(12) Wada, K. (1984) Barricade building in *Ilyoplax pusillus* (De Haan) (Crustacea: Brachyura). Journal of Experimental Marine Biology and Ecology, 83: 73–88.

(13) Wada, K. (1994) Earthen structures built by *Ilyoplax dentimerosa* (Crustacea, Brachyura, Ocypodidae). Ethology, 96: 270–282.

(14) Ueda, K. & Wada, K. (1996) Allocleaning in an intertidal ocypodid crab, *Macrophthalmus banzai*. Journal of Ethology, 14: 45–52.

Hydrobiologia, 285: 93-100.

(17) Pillai, K. K. (1971) Observations on the reproductive cycles of some crabs from the south-west coast of India. Journal of the marine Biological Association of India, 10: 384-385.

(18) Henmi, Y. (1993) Geographic variations in life-history traits of the intertidal ocypodid crab *Macrophthalmus banzai*. Oecologia, 96: 324-330.

(19) 高橋和寛・宮本建樹・水島純雄・伊藤雅一 (1985)「忍路湾の磯浜に生息するカニ類の生態」『北海道立水産試験場報告』, 27 号, 71-89 頁.

(20) 飯島明子・風呂田利夫 (1990)「外房・小湊の転石潮間帯におけるヒライソガニ *Gaetice depressus* (De Haan) の生活史 (予報)」『千葉大学理学部海洋生態系研究センター年報』, 10 号, 25-28 頁.

(21) Fukui, Y. (1988) Comparative studies on the life history of the grapsid crabs (Crustacea, Brachyura) inhabiting intertidal cobble and boulder shores. Publications of the Seto Marine Biological Laboratory, 33 (4/6): 121-162.

(22) 野村洋 (1975)「ヒライソガニ個体群の動態」『沖縄生物教育研究会誌』, 8 号, 1-11 頁.

(23) Yau, P. M. (1992) Breeding and seasonal population changes of *Gaetice depressus* (Decapoda: Grapsidae) on Hong Kong shores. Asian Marine Biology, 9: 181-192.

(24) Otani, T., Yamaguchi, T. & Takahashi, T. (1997) Population structure, growth and reproduction of the fiddler crab, *Uca arcuata* (De Haan). Crustacean Research, 26: 109-124.

(25) Henmi, Y. (1992) Annual fluctuation of life-history traits in the mud crab *Macrophthalmus japonicus*. Marine Biology, 113: 569-577.

(26) Montague, C. L. (1980) A natural history of temperate western Atlantic fiddler crabs (genus *Uca*) with reference to their impact on the salt marsh. Contributions in Marine Science, 23: 25-55.

(27) Wada, K., Choe, B. L., Park, J. K. & Yum, S. S. (1996) Population and reproductive biology of *Ilyoplax pingi* and *I. dentimerosa* (Brachyura: Ocypodidae). Crustacean Research, 25: 44-53.

(28) Fukui, Y. & Wada, K. (1986) Distribution and reproduction of four intertidal crabs (Crustacea, Brachyura) in the Tonda River Estuary, Japan. Marine Ecology Progress Series, 30: 229-241.

Research, 4: 17-29.

(4) Morgan, S. & Christy, J. H. (1995) Adaptive significance of the timing of larval release by crabs. The American Naturalist, 145 (3): 457-479.

(5) 福田靖 (1980)「カニ類幼生の浮遊期間の推定(1)」『Calanus』, 7号, 9-12頁.

(6) O'Connor, N. J. (1993) Settlement and recruitment of the fiddler crabs *Uca pugnax* and *U. pugilator* in a North Carolina, USA, salt marsh. Marine Ecology Progress Series, 93: 227-234.

(7) Otani, T., Yamaguchi, T. & Takahashi, T. (1997) Population structure, growth and reproduction of the fiddler crab, *Uca arcuata* (De Haan). Crustacean Research, 26: 109-124.

(8) 山口隆男 (1987)「干潟のカニ類の生活と生態」『月刊海洋科学』, 19巻2号, 111-117頁.

(9) 相良順一郎 (1993)「水産生物の生活史と生態 (その16) 3. アサリ」『日本水産資源保護協会月報』, 351号, 9-18頁.

(10) 相良順一郎 (1993)「水産生物の生活史と生態 (その17) 4. ハマグリ」『日本水産資源保護協会月報』, 352号, 10-15頁.

(11) 吉田俊一 (1984)「イソゴカイの飼育生態と養殖に関する研究」『大阪府試験場研究報告』, 6号, 1-63頁.

(12) Tsutsumi, H. & Kikuchi, T. (1984) Study of the life history of *Capitella capitata* (Polychaeta: Capitellidae) in Amakusa, South Japan including a comparison with other geographical regions. Marine Biology, 80: 315-321.

(13) Tsutsumi, H. (1987) Population dynamics of *Capitella capitata* (Polychaeta; Capitellidae) in an organically polluted cove. Marine Ecology Progress Series, 36: 139-149.

(14) 仲宗根幸男・岡留洋志 (1981)「オキナワハクセンシオマネキの生殖周期と稚ガニの成長」, 山口隆男 (編)『潮間帯および潮間帯上部に棲息するカニ類の比較生態学的研究』, 昭和53—55年度文部省科学研究費補助金総合研究A　研究成果報告書.

(15) Macintosh, D. J. (1984) Ecology and productivity of Malaysian mangrove crab populations (Decapoda: Brachyura). In E. Soepadmo, A. N. Rao & D. J. Macintosh (eds.) *Proceedings of the Asian Symposium on Mangrove Environment — Research and Management*, University of Malaya and UNESCO.

(16) Kosuge, T., Poovachiranon, S. & Murai, M. (1994) Male courtship cycles in three species of tropical *Ilyoplax* crabs (Decapoda, Brachyura, Ocypodidae).

direct-developing gastropod *Batillaria cumingi* (Prosobranchia, Batillariidae) on two shores of contrasting substrata. Journal of Molluscan Studies, 65 (2): 275–287.

(24) 山口隆男・田中雅樹 (1974)「コメツキガニの生態 I. ── 個体群構造の季節変化について」『日本生態学会誌』, 24巻3号, 165–174頁.

(25) Wada, K. (1981) Wandering in *Scopimera globosa* (Crustacea: Ocypodidae). Publications of the Seto Marine Biological Laboratory, 26 (4/6): 447–454.

(26) Koga, T. (1995) Movements between microhabitats depending on reproduction and life history in the sand-bubbler crab *Scopimera globosa*. Marine Ecology — Progress Series, 117: 65–74.

(27) Henmi, Y. (1984) The description of wandering behavior and its occurrence varying in different tidal areas in *Macrophthalmus japonicus* (De Haan) (Crustacea: Ocypodidae). Journal of Experimental Marine Biology and Ecology, 84: 211–224.

(28) Henmi, Y. (1989) Factors influencing drove formation and foraging efficiency in *Macrophthalmus japonicus* (De Haan) (Crustacea: Ocypodidae). Journal of Experimental Marine Biology and Ecology, 131: 255–265.

(29) Reinsel, K. A. & Rittschof, D. (1995) Environmental regulation of foraging in the sand fiddler crab *Uca pugilator* (Bosc, 1802). Journal of Experimental Marine Biology and Ecology, 187: 269–287.

(30) Newell, R. (1962) Behavioural aspects of the ecology of *Peringia* (= *Hydrobia*) *ulvae* (Pennant) (Gastropoda, Prosobranchia). Proceeding of zoological Society of London, 138: 49–75.

第三章

(1) Yamada, S. B. & Sankurathri, C. S. (1977) Direct development in the intertidal gastropod *Batillaria zonalis* (Bruguiere, 1792). The Veliger, 20 (2): 179.

(2) Wada, K. (1981) Growth, breeding, and recruitment in *Scopimera globosa* and *Ilyoplax pusillus* (Crustacea: Ocypodidae) in the estuary of Waka River, middle Japan. Publications of the Seto Marine Biological Laboratory, 26 (1/3): 243–259.

(3) Henmi, Y. & Kaneto, M. (1989) Reproductive ecology of three ocypodid crabs I. The influence of activity differences on reproductive traits. Ecological

Research, 28: 37-51.

(11) Tamaki, A. & Miyabe, S. in press Larval abundance patterns for three species of *Nihonotrypaea* (Decapoda: Thalassinidea: Callianassidae) along an estuary to opne-sea gradient in western Kyushu, Japan. Journal of Crustacean Biology.

(12) 玉置昭夫・福田靖・松野健・塩谷茂明 (1998)「ニホンスナモグリ幼生の分散と回帰 (予報)」,『日本プランクトン学会報』, 45巻1号, 29-31頁.

(13) Wada, K. (1983) Spatial distribution and population structures in *Scopimera globosa* and *Ilyoplax pusillus* (Decapoda: Ocypodidae). Publications of the Seto Marine Biological Laboratory, 27 (4/6): 281-291.

(14) Wada, K. (1993) Territorial behavior, and sizes of home range and territory, in relation to sex and body size in *Ilyoplax pusilla* (Crustacea: Brachyura: Ocypodidae). Marine Biology, 115: 47-52.

(15) Henmi, Y. (1992) Mechanisms of cross-shore distribution pattern of the intertidal mud crab *Macrophthalmus japonicus*. Ecological Research, 7: 71-78.

(16) Fielder, D. R. (1971) Some aspects of distribution and population structure in the sand bubbler crab *Scopimera inflata* Milne-Edwards. Australian Journal of Marine and Freshwater Research, 22: 41-47.

(17) Hartnoll, R. G. (1973) Factors affecting the distribution and behaviour of the crab *Dotilla fenestrata* on East African shores. Estuarine and Coastal Marine Science, 1: 137-152.

(18) Fisher, J. B. & Tevesz, M. J. S. (1979) Within-habitat spatial patterns of *Ocypode quadrata* (Fabricius) (Decapoda Brachyura). Crustaceana, Supplement, 5: 31-36.

(19) Wada, K. (1986) Burrow usurpation and duration of surface activity in *Scopimera globosa* (Crustacea: Brachyura: Ocypodidae). Publications of the Seto Marine Biological Laboratory, 31 (3/6): 327-332.

(20) Christy, J. H. (1987) Female choice and the breeding behavior of the fiddler crab *Uca beebei*. Journal of Crustacean Biology, 7 (4): 624-635.

(21) Wada, K. (1983) Movement of burrow location in *Scopimera globosa* and *Ilyoplax pusillus* (Decapoda: Ocypodidae). Physiology and Ecology, Japan, 20: 1-21.

(22) 足立尚子・和田恵次 (1997)「ホソウミニナの卵と発生様式」『ちりぼたん』, 28巻2号, 33-34頁.

(23) Adachi, N. & Wada, K. (1999) Distribution in relation to life history in the

shire, Scotland. Estuarine, Coastal and Shelf Science, 13: 455-472.
(27) Teal, J. M. (1962) Energy flow in the salt marsh ecosystem of Georgia. Ecology, 43: 614-624.

第二章

(1) 和田恵次・土屋誠 (1975)「蒲生干潟における潮位高と底質からみたスナガニ類の分布」,『日本生態学会誌』, 25 巻 4 号, 235-238 頁.
(2) 和田恵次 (1976)「和歌川河口におけるスナガニ科 3 種の分布 ── 底質の粒度との関係を中心にして ──」,『生理生態』, 17 巻, 321-326 頁.
(3) 和田恵次 (1982)「コメツキガニとチゴガニの底質選好性と摂餌活動」,『ベントス研究会連絡誌』, 23 号, 14-26 頁.
(4) Ono, Y. (1965) On the ecological distribution of ocypoid crabs in the estuary. The Memoirs of the Faculty of Science, Kyushu University, Series E, (ecology), 4 (1): 1-60.
(5) Ko, H. S. & Kim, C. H. (1989) Complete larval development of *Uca arcuata* (Crustacea, Brachyura, Ocypodidae) reared in the laboratory. Korean Journal of Systematic Zoology, 5: 89-105.
(6) Suzuki, H. & Kikuchi, T. (1990) Spatial distribution and recruitment of pelagic larvae of sand bubbler crab, *Scopimera globosa*. La mer, 28 (4): 172-179.
(7) Sandifer, P. A. (1975) The role of pelagic larvae in recruitment to populations of adult decapod crustaceans in the York River Estuary and adjacent lower Chesapeake Bay, Virginia. Estuarine and Coastal Marine Science, 3: 269-279.
(8) Ismid, M., Suzuki, H. & Saisho, T. (1994) Occurrence of brachyuran larvae in the surf zone of Fukiage Beach, Kagoshima Prefecture, Japan I. Families Grapsidae and Ocypodidae. Benthos Research, 46: 11-24.
(9) Epifanio, C. E., Little, K. T. & Rowe, P. M. (1988) Dispersal and recruitment of fiddler crab larvae in the Delaware River estuary. Marine Ecology — Progress Series, 43: 181-188.
(10) Tamaki, A., Itoh, J. & Kubo, K. (1999) Distributions of three species of *Nihonotrypaea* (Decapoda: Thalassinidea: Callianassidae) in intertidal habitats along an estuary to open-sea gradient in western Kyushu, Japan. Crustacean

Marine Biological laboratory, Kyushu University, 6 (2): 119–165.
(14) 和田恵次・土屋誠 (1975)「蒲生干潟におけるカニ類の分布」, 栗原康(編)『蒲生干潟の環境保全に関する基礎的研究』.
(15) Wada, K. (1981) Growth, breeding, and recruitment in *Scopimera globosa* and *Ilyoplax pusillus* (Crustacea: Ocypodidae) in the estuary of Waka River, middle Japan. Publications of the Seto Marine Biological Laboratory, 26 (1/3): 243–259.
(16) 山口隆男・田中雅樹 (1974)「コメツキガニの生態 I. ── 個体群構造の季節変化について」, 『日本生態学会誌』, 24 巻 3 号, 165–174 頁.
(17) 歌代勤・堀井靖功 (1965)「コメツキガニ *Scopimera globosa* とチゴガニ *Ilyoplax pusillus* の生態と生痕 ── 生痕の生物学的研究・そのVII ──」, 『新潟大学教育学部高田分校研究紀要』, 10 号, 110–143 頁.
(18) 歌代勤・堀井靖功・松木保・堀川幸夫 (1966)「現棲ヤマトオサガニ *Macrophthalmus japonicus* de Haan の生態と生痕 ── 生痕の生物学的研究・そのVIII ──」, 『新潟大学教育学部高田分校研究紀要』, 11 号, 131–145 頁.
(19) Tamaki, A. & Ueno, H. (1998) Burrow morphology of two callianassid shrimps, *Callianassa japonica* Ortmann, 1891 and *Callianassa* sp. (= *C. japonica* de Man, 1928) (Decapoda: Thalassinidea). Crustacean Research, 27: 28–39.
(20) 浜野龍夫 (1990)「ポリエステル樹脂を使用して底生動物の巣型をとる方法」, 『日本ベントス学会誌』, 39 号, 15–19 頁.
(21) Kondo, Y. (1987) Burrow depth of infaunal bivalves — observation of living species and its relation to shell morphology. Transactions and proceedings of the Palaeontological Society of Japan, 148: 306–323.
(22) 風呂田利夫・鈴木嘉平 (1999)「東京湾奥部谷津干潟の 1986—87 年冬期における底質環境ならびにマクロベントスの生息状況と垂直分布」, 『日本ベントス学会誌』, 54 号, 36–43 頁.
(23) Wada, K., Komiyama, A. & Ogino, K. (1987) Underground vertical distributions of macrofauna and root in a mangrove forest of southern Thailand. Publications of the Seto Marine Biological Laboratory, 32: 329–333.
(24) Sankolli, K. N. (1963) On the occurrence of *Thalassina anomala* (Herbst), a burrowing crustacean in Bombay waters, and its burrowing methods. Journal of Bombay Natural History Society, 60: 600–605.
(25) Raffaelli, D. & Hawkins, S. (1996) Intertidal Ecology. Chapman & Hall.
(26) Baird, D. & Milne, H. (1981) Energy flow in the Ythan estuary, Aberdeen-

引用文献

第一章

(1) Pickrill, R. A. (1979) A micro-morphological study of intertidal estuarine surfaces in Pauatahanui Inlet, Porirua Harbour. New Zealand Journal of Marine and Freshwater Research, 13 (1): 59-69.

(2) Hart, T. J. (1930) Preliminary notes on the bionomics of the amphipod *Corophium volutator* (Pallas). Journal of Marine Biological Association of United Kindgom, 16: 761-789.

(3) Green, J. (1968) The Biology of Estuarine Animals. Sidgwick & Jackson.

(4) 諸喜田茂充・天久尊哉・吉田裕之・盛島秀紀 (1988)「沖縄のマングローブ域における魚類相とその食性」,『環境科学研究報告集』, B-344-R-12-04, 61-76 頁.

(5) Faure-Fremiet, E. (1951) The tidal rhythm of the diatom *Hantzschia amphioxys*. Biological Bulletin, 150: 173-177.

(6) Pomeroy, L. R. (1959) Algal productivity in salt marshes of Georgia. Limnology and Oceanography, 4: 386-397.

(7) Eltringham, S. K. (1971) Life in Mud and Sand. The English University Press.

(8) Bell, S. S., Watzin, M. C. & Coull, B. C. (1978) Biogenic structure and its effect on the spatial heterogeneity of meiofauna in a salt marsh. Journal of experimental marine Biology and Ecology, 35: 99-107.

(9) McLachlan, A. (1978) A quantitative analysis of the meiofauna and the chemistry of the redox potential discontinuity zone in a sheltered sandy beach. Estuarine and Coastal Marine Science, 7: 275-290.

(10) 土屋誠・芹生良博・矢島孝昭・栗原康 (1972)「蒲生干潟の底生動物その夏期相について」, 吉岡邦二 (編)『蔵王山・蒲生干潟の環境破壊による生物群集の動態に関する研究 I』.

(11) 干潟研究会 (1974)「開発の干潟に及ぼす影響に関する研究」, 干潟研究会.

(12) 山口隆男 (1978)「ハクセンシオマネキの生活史と個体群生態学的研究 (予報)」,『ベントス研究会連絡誌』, 15/16 号, 10-15 頁.

(13) Goshima, S. (1982) Population dynamics of the soft clam, *Mya arenaria* L., with special reference to its life history pattern. Publications from Amakusa

た

索　引

和田　恵次（わだ　けいじ）
奈良女子大学理学部生物科学科教授，理学博士．
1950年　和歌山市生まれ．
1979年　京都大学大学院理学研究科動物学専攻博士課程単位認定退学．京都大学理学部助手，奈良女子大学理学部助教授を経て現職．
専　門　動物生態学，海洋生物学．
主　著　『渚の生物』（桑村哲生編，分担執筆，海鳴社，1981），『原色検索日本海岸動物図鑑 II』（西村三郎編，分担執筆，保育社，1995），『動物の自然史 —— 現代分類学の多様な展開』（馬渡峻輔編，分担執筆，北海道大学図書刊行会，1995）．

干潟の自然史
—— 砂と泥に生きる動物たち　　生態学ライブラリー 11

2000年 6 月 30 日　初版第一刷発行
2007年 1 月 20 日　　第三刷発行

著　者　和　田　恵　次
発行者　本　山　美　彦
発行所　京都大学学術出版会
京都市左京区吉田河原町15-9
京大会館内（606-8305）
電　話　075-761-6182
FAX　075-761-6190
振　替　01000-8-64677
印刷・製本　株式会社クイックス

ISBN978-4-87698-311-7

Printed in Japan　定価はカバーに表示してあります

生態学ライブラリー・第Ⅰ期

❶ カワムツの夏――ある雑魚の生態　片野　修
❷ サルのことば――比較行動学からみた言語の進化　小田　亮
❸ ミクロの社会生態学――ダニから動物社会を考える　齋藤　裕
❹ 食べる速さの生態学――サルたちの採食戦略　中川尚史
❺ 森の記憶――飛驒・荘川村六厩の森林史　小見山章
❻ 「知恵」はどう伝わるか――ニホンザルの親から子へ渡るもの　田中伊知郎
❼ たちまわるサル――チベットモンキーの社会的知能　小川秀司
❽ オサムシの春夏秋冬――季節適応の進化と分布拡大　曽田貞滋
❾ 土壌動物の生態学――生物圏を支える分解者たち　武田博清
❿ 大雪山のお花畑が語ること――高山植物と雪渓の生態学　工藤　岳
⓫ 干潟の自然史――砂と泥に生きる動物たち　和田恵次
⓬ 離合集散の生態学――カメムシ類の適応戦略　藤崎憲治